Esther Vilar:
Die Mathematik der Nina Gluckstein
Novelle

Deutscher
Taschenbuch
Verlag

dtv

Von Esther Vilar
sind im Deutschen Taschenbuch Verlag erschienen:
Rositas Haut (11664)
Der betörende Glanz der Dummheit (30071)
Der dressierte Mann / Das polygame Geschlecht / Das Ende der Dressur (30072)

Für Eléonore Hirt

April 1988
5. Auflage März 1995
Deutscher Taschenbuch Verlag GmbH & Co. KG,
München
Lizenzausgabe mit freundlicher Genehmigung
des Scherz Verlags, Bern und München

Als Quelle für die auf Mathematik bezogenen Textstellen benutzte die Autorin das im Piper Verlag, München, erschienene Buch von Herbert Meschkowski mit dem Titel ‹Mathematik verständlich dargestellt›.
Umschlaggestaltung: Felix Weinold
Umschlagfoto: Bilderdienst Süddeutscher Verlag
Gesamtherstellung: C. H. Beck'sche Buchdruckerei, Nördlingen
Printed in Germany · ISBN 3-423-10878-9

1

Ich heiße Roberta Gómez Dawson, und auch wenn Sie seit Ihrer Schulzeit keine Gedichte mehr lesen, haben Sie wahrscheinlich schon von mir gehört. Nach einer Umfrage vom November letzten Jahres kennen siebenundfünfzig Prozent der Einwohner von Buenos Aires noch immer meinen Namen, vierunddreißig Prozent wissen, daß es sich dabei um eine Schriftstellerin handelt, dreizehn Prozent können einen meiner Buchtitel nennen und zwei Prozent sind sogar imstande, den einen oder andern meiner Verse aufzusagen. Und seit den Feiern zu meinem siebzigsten Geburtstag – zwölf Jahre ist das jetzt schon wieder her – haben es auch die Kritiker aufgegeben, auf mir herumzuhacken: Keiner möchte eine literarische Hinrichtung geschrieben haben, die zugleich mit der Nachricht vom natürlichen Ableben des Opfers in der Zeitung erscheint. So nennen sie mich heute lieber «die alte Dame der argentinischen Literatur». Ich erwähne das, um Ihnen zu zeigen, daß auch der literarische Ruhm irgendwann einmal seinen Schrekken verliert.

Anfangs habe ich mich oft gefragt, warum es ausgerechnet in diesem Beruf, wo alle sich so menschlich geben, soviel barbarischer zugeht als anderswo. Ich kam aus der Welt der Naturwissenschaften, der Mathematik. Auch da gibt es Rivalität und Neid, aber niemals diese Gemetzel. Doch Literaten sind Fachleute für Worte und Gefühle. Sie besitzen die schärfsten Waffen und wissen genauestens, auf welche Stelle man zielt, um einen Konkurrenten zu erledigen.

Das ist auch als Warnung an künftige Leser dieses kleinen Buches gedacht. Vorausgesetzt, ich kann es überhaupt beenden, denn ich arbeite langsamer als früher, und meine Lebenserwartung ist tatsächlich begrenzt: Eine zweiundachtzigjährige Person weiblichen Geschlechts kann in diesem Teil des Landes noch mit einer mittleren Lebensdauer von zwei Jahren rechnen – jeder Heimcomputer stellt einem heute dieses Horoskop. Doch falls ich es veröffentliche und falls es dann zu positiven Reaktionen käme, wäre dies wohl hauptsächlich meinem hohen Alter anzukreiden. Prosaschreiben hat mich nie sonderlich interessiert – meine Ambition galt stets der Lyrik.

Eine Folge meiner Beschäftigung mit den exakten Wissenschaften? Mag sein. Die Kriterien, an denen ich die Gültigkeit einer literarischen Aussage messe – *Unabhängigkeit, Widerspruchsfreiheit, Vollständigkeit* –, fand ich zuweilen in Gedichten erfüllt, in Romanen und Erzählungen so gut wie nie. Es sind übrigens die gleichen, die der Mathematiker Hilbert

zu Beginn dieses Jahrhunderts für die Tauglichkeit von Axiomen formulierte. Es gibt – nach diesem Maßstab – keine befriedigendere Kunstform als das Gedicht.
Wenn ich mich jetzt, nach einundzwanzig Jahren, noch einmal zu einer literarischen Arbeit aufraffe und trotzdem die Erzählform wähle, geschieht dies in der ganz pragmatischen Absicht, möglichst viele Leser zu erreichen. Denn die meisten von Ihnen scheinen sich aus Versen so wenig zu machen wie aus Formeln. Aus meiner Perspektive – und in beiden Fällen – welch ein Verlust!

2

In unserer Presse wird alle Jahre wieder über meine bewegte Vergangenheit und meine heutigen, ach so skurrilen Gewohnheiten berichtet. Wenig davon ist wahr. Teils wurden diese Geschichten von Journalisten erfunden, teils von mir selbst, um jene von meiner eigentlichen Vergangenheit und meinen eigentlichen Gewohnheiten abzulenken. Das habe ich immer so gehalten. Sobald mir jemand zu nahe trat – und da man sich für erfolgreiche Frauen mehr als für andere Leute interessiert, geschah dies leider häufig –, erfand ich etwas, das ihn sofort wieder auf eine falsche Fährte lockte. Mein Vergnügen und mein gutes Recht. Außerdem finde ich es blamabel, wenn einer, dessen Beruf darin besteht, möglichst widerspruchsfreie Lügen zu erfinden, ausgerechnet über sich selbst die Wahrheit erzählt. Was würde man von einem Schneidermeister halten, der nackt herumgeht?

Über mein Privatleben – ich erwähne das nicht ohne Stolz – hat trotz aller Versuche bis zum heutigen Tag keiner Nennenswertes herausgefunden. Wenn ich jetzt erstmals davon spreche, geschieht es freiwillig und aus zwei guten Motiven. Einmal, weil es mit der Geschichte, die ich zu erzählen habe, auf lockere Art zusammenhängt. Ich will hier nämlich versuchen, Nina Gluckstein zu rehabilitieren – eine Frau, die ich zwar nicht persönlich kannte, deren Schicksal mich aber trotzdem zunehmend berührt. Und vielleicht versteht man die Richtigkeit ihres Handelns besser, wenn ich zunächst einmal von mir und meinem großen Irrtum erzähle. Zum andern, weil es gilt, einer Legendenbildung um meine Person entgegenzuwirken, die niemand peinlicher sein kann als mir selbst.

Ich weiß, daß junge Menschen Idole brauchen, schließlich habe ich immer wieder auf diesen fatalen Mechanismus hingewiesen. Ich erinnere an das Bändchen *Gebete für Gottlose* – meine ersten Gedichte und zugleich mein erster Skandal: Unsere damals noch recht mächtige Kirche hatte «eine gefährliche Anleitung zur Selbstverherrlichung»

darin erkannt. Trotzdem, oder gerade deshalb, muß ich mich dagegen wehren, daß mich werdende Dichter und Dichterinnen nun zunehmend als Denkmal mißbrauchen. Wenn sie unbedingt jemand auf ein Podest stellen wollen, kann ich sie natürlich nicht hindern. Ich kann sie nur immer wieder herzlich bitten, sich einen andern auszuwählen. Ich bin ihrer Anbetung weder würdig, noch ertrage ich sie. Macht hatte ich zeit meines Lebens mehr, als mir lieb war.
Außerdem bin ich sicher, daß nur sehr dumme Menschen ihre Macht über andere genießen: Wie könnte jemand mit Einbildungskraft sich darum reißen, das Schicksal fremder Leute zu verantworten? Macht über mich, die hätte mich gereizt: Doch meine berüchtigte «Selbstverherrlichung» ist ja nicht einmal mir gelungen. Hätte ich sonst den Wunsch gehabt, dieses Kunststück zu beschreiben?

3

Das Gerücht von dem großen Roman, an dem ich heimlich arbeite, meinem Alterswerk. Nur weil man merkt, daß ich noch immer denke und trotzdem seit Jahrzehnten nicht mehr publiziere. Ich muß hier meinen Lesern ein Geständnis machen: Die meisten meiner Gedichte habe ich leider nicht für Sie verfaßt, sondern für einen ganz bestimmten andern. Und mit der Literatur habe ich vor einundzwanzig Jahren tatsächlich Schluß gemacht. Die Person, für die ich schrieb, der Mann meines Lebens, das mir einzig wichtige Publikum, ist in jenem Jahr verstorben. Wozu hätte ich weiterschreiben sollen? Um ihm meine Neuerscheinungen aufs Grab zu legen?
Meine jetzt so häufig gerühmte Vielseitigkeit, mein Fleiß. Was habe ich nicht alles verfaßt! Gedichte, Balladen, Epigramme, Kinderreime, Lieder, den Text für jene Tango-Oper, meine «Argentinischen Landschaften». Doch was macht eine Frau, die immer wieder ein und demselben Mann gefallen möchte? Sie versucht, sich ihm immer wieder neu zu zeigen, nicht wahr? Neue Kleider, neue Frisuren, hin und wieder ein neues Parfum. Nun, der Mann, von dem hier die Rede ist, lebte weit weg, in einem anderen südamerikanischen Land, und aus Gründen, die in diesem Zusammenhang kaum eine Rolle spielen, konnten wir uns selten sehen. Zu den wenigen Möglichkeiten, ihn zu überraschen, gehörte meine literarische Produktion. Sobald wieder ein Bändchen

fertig war, ließ ich es in Leder binden, verpackte es in Goldfolie und schickte es ihm zu.
Manchmal reagierte er, manchmal nicht, manchmal sofort, dann wieder erst nach Monaten. (Ich habe einmal zum Spaß seine durchschnittliche Reaktionszeit ausgerechnet: Von den unbeantworteten Sendungen abgesehen, waren es 41,8 Tage.) Diese Antworten waren meine Angst und meine Hoffnung, nicht das Urteil der Literaturkritik. Wenn er schrieb, daß ihm etwas gefallen habe, gab es keine Pressestimme, die mich verletzen konnte. Schwieg er, so fühlte ich mich als die langweiligste Schriftstellerin auf der ganzen Welt. Kein Lob konnte mich dann trösten, und jeder Verriß war die schmerzvolle Bestätigung meiner Mittelmäßigkeit.
Dabei weiß ich bis heute nicht, ob er überhaupt ein Gefühl für Poesie besaß. Er war ein arbeitswütiger Mann, der in seiner knapp bemessenen Freizeit Hochseefischerei betrieb und selten las. Sein Geschmack war der damals übliche: García Márquez, Vargas Llosa, Paz, Cortázar. Neruda fand er «weibisch» («Gedichteschreiben, das ist doch keine Arbeit für einen Mann!»), Borges «ein bißchen unheimlich, nicht wahr?» (Wie hätte das den Meister amüsiert, vor allem, wenn er gewußt hätte, von wem es kam. Ich habe mich gehütet, es ihm zu erzählen.) Nach den übrigen Kollegen habe ich ihn vorsichtshalber gar nicht erst gefragt.
Ich weiß nicht einmal, ob er wirklich gescheit war. Oder schön. Fest steht nur dies: Mit einem Blick,

einem Lächeln vermochte er «meine Seele zu berühren», wie es bei Homer heißt. Warum das so war, habe ich nie ergründen können. Die seltsame Einsamkeit, in der er in all dem Getriebe lebte? Seine Integrität? (Die letztlich wohl verführerischste aller männlichen Eigenschaften.) Jedenfalls war mir zu keiner Zeit daran gelegen, den Lesern die Wandlungsfähigkeit einer Literatin vorzuführen. Ich war einfach eine Frau, die sich für ihren Geliebten immer wieder einmal umzog.

Bis ich nach langen Jahren herausfand, daß ihm meine Arbeit immer dann am besten gefiel, wenn ich ihn damit zum Lachen brachte. (Ja, er war ein Mann, der gern lachte!) Das war der Zeitpunkt, als ich mit meinen «humoristischen Balladen» begann, jenen im Hexameter verfaßten Tiergeschichten, die heute Unterrichtsstoff an unseren Schulen und auf jeden Fall mein größter Publikumserfolg sind. Ich persönlich halte sie von allen meinen Arbeiten für die unbedeutendsten. Doch was macht eine Frau, der ihr Geliebter zu verstehen gibt, er sähe sie am liebsten in dieser und jener Farbe, mit der und der Frisur? Eben.

4

Diese zunehmende Beweihräucherung in der feministischen Presse! Das Hin und Her um jenen Verherrlichungsfilm, zu dem ich schließlich meine Zustimmung verweigern mußte. Schwestern, denkt doch bitte nach: Ich, die Priesterin des weiblichen Zölibats? Die Frau, die es ablehnt, sich an Mann und Kind zu ketten, weil ihr ihre Freiheit über alles geht?

Wo habe ich geschrieben, daß ich frei bin? Ich und *frei?* Ich war dreißig Jahre lang dank einer absolut unerklärbaren Leidenschaft mehr versklavt als jede der von euch so bedauerten Ehefrauen. Wenn das niemals amtlich wurde, lag es weiß Gott nicht an mir. Ich habe den Heiratsanträgen meiner Verehrer nicht *widerstanden,* wie ihr so gern prahlt. Sie haben mich schlicht nicht gereizt!

Den einzigen Mann, den *ich* wollte, habe ich immer wieder nur beinah bekommen. Die einzigen Kinder, die *ich* hätte gebären mögen, wären seine gewesen. Wie gern hätte ich ihm meine heilige Freiheit vor die Füße gelegt. *Er* wollte sie nicht.

Es gebe eine Möglichkeit, immer zu gewinnen, heißt es bei Ramón José Sender: Es genüge, daß man zu verlieren versteht. Im wissenschaftlichen Sinn ist das unbrauchbar, ich weiß, in der Praxis jedoch eine hervorragende Formel; ich habe sie in allen Lebenslagen mit Erfolg angewendet. Doch wie sollte ich verstehen, mein Liebstes zu verlieren?

5

Dann der vielleicht wichtigste Grund, weshalb ich hier versuchen möchte, für die Rehabilitierung Nina Glucksteins einzutreten. Ich spreche von meiner Erfahrung mit der Kehrseite des Ruhms, die sicher größer ist als die der andern, die sich bisher mit ihrem Schicksal befaßten. Denn wer vom einen Teil der Leute vergöttert wird, darf ja fest damit rechnen, beim andern zum Teufel zu avancieren – wie die Geschichte lehrt, macht ein gemeinsamer Haß die Herden genauso stark wie ein gemeinsames Gebet. In meinem bescheidenen Fall beziehe ich mich auf die Legende von der kaltblütigen Karrieristin, mit der mich die Gegenseite zu desavouieren suchte, von der «Bienenkönigin, die Männer benützt und liegenläßt». (Wörtliches Zitat aus einer Biographie von Arnoldo Huemez.)

Ich weiß, daß da einiges gegen mich spricht. Ich habe ja tatsächlich «Karriere gemacht», und wenn ich mich mit einem meiner zuweilen recht auffälligen Begleiter in der Öffentlichkeit zeigte, kamen auch die Schlagzeilen; die Auflagen meiner Bücher begannen in der Folge tatsächlich zu steigen. Und dann gab es auch ein paar echte und falsche Tragödien, die Ihnen trotz meiner Bemühungen nicht ganz verborgen blieben. Wie diese wahnwitzige Chacarita-Affäre, die bis zum heutigen Tag nicht einmal ich selbst verstanden habe. Meine Passion für Pferde und der wegen der Identität meines Begleiters später «historisch»

genannte Reitunfall. Jene vielbesprochene Ohrfeige. Die «Enthüllungsgeschichte» eines rachsüchtigen Journalisten.
Gut, ich habe es überlebt. Und zweifellos haben diese Skandale mehr dazu beigetragen, daß man in diesem Land ab und zu wieder ein Gedicht liest, als alle Interviews meiner feinsinnigen Kollegen. Denn wie immer man sich eine Poetin vorgestellt haben mochte, so wie mich hatte man sie sich nicht vorgestellt. Doch gesucht habe ich das kaum.

6

Vielleicht bin ich hier schuldiger, als ich glaube, ich weiß es nicht. Fest steht, daß ich keinen dieser Männer liebte. (Wie wäre das auch möglich gewesen, ich liebte ja ihn!) Und daß ich mich von keinem je aus Berechnung lieben ließ. Ich habe diese Karriere, um die man mich zeit meines Lebens so beneidete, niemals gewollt. Ich habe einfach gern geschrieben.
Mit jener einen Ausnahme waren meine jeweiligen Weggenossen selbstsichere, von Frauen umworbene Männer. Gerade ihre Arriviertheit schien mir ein gewisser Schutz vor Verwicklungen zu sein – insofern bestand bei der Auswahl vielleicht doch eine gewisse Berechnung (ich arbeitete sozusagen mit

Kardinalzahlen, um äquivalente Mengen zu erhalten). Ich wollte mir und jenen Männern eine Freude machen und habe lange nicht begriffen, wie sich aus so heiteren Anfängen immer wieder diese kitschigen kleinen Dramen entwickeln konnten.

Heute weiß ich es. Es gibt ein Mittel, einen andern an sich zu ketten, das mit fast tödlicher Sicherheit funktioniert: Man darf sich seine Liebe nicht *wünschen*. Ich wollte keinen dieser Männer für mich behalten. Ich mochte ihre Gegenwart, denn leider war ich nie gern allein (vor allem nicht in Schlafzimmern, zugegeben). Ich war dankbar für ihre Zuneigung und revanchierte mich mit soviel Zärtlichkeit wie möglich. Doch wirklich zurücklieben konnte ich nicht. Wie auch, da ich doch ihm gehörte?

Und so entzündeten sich an meiner mehr oder minder großen Gleichgültigkeit immer wieder Leidenschaften, die keiner der Beteiligten zu Beginn für wahrscheinlich gehalten hätte. Und meine Reaktion war stets die gleiche. Je mehr man mich bedrängte, desto mehr zog ich mich zurück. Je rascher die Begehrlichkeit meines Partners zunahm, desto eher begann ich mich nach einem andern, weniger begehrlichen umzusehen.

7

Es war nicht Angst, meine heilige Unabhängigkeit zu verlieren. Ich wollte einfach frei bleiben für den einen, dem *ich* mich unterwerfen wollte. Wer Freiheit sagt, meint ja immer nur sein Verlangen nach einer anderen Art von Kreuz: einem *gewählten,* im Gegensatz zum jetzigen, das er nicht mehr freiwillig trägt. In meinem ganzen Leben bin ich noch nie einem wirklich freien Menschen begegnet. Jedenfalls keinem, der dabei glücklich war. Frei *und* glücklich können nur Dumme sein.

«Was ist das für ein Monstrum an Laster, für das der Name Feigheit noch zu schade wäre? Die Natur leugnet, dergleichen geschaffen zu haben, und die Sprache leiht uns keinen Namen dafür ...» Étienne de La Boétie schrieb das bereits im Jahre 1548 in seinem berühmten Essay *Über die freiwillige Knechtschaft des Menschen* und hat damit unsere ewige Sehnsucht nach Führern, Göttern, Idolen gemeint. Doch gehören nicht auch die großen Leidenschaften in diese Reihe? Machen wir den Geliebten nicht zum Maß aller Dinge, versuchen wir nicht, ihm jeden Wunsch zu erfüllen, *beten wir ihn nicht an*? Wir haben also zumindest im privaten Bereich einen Namen für das «Monstrum an Laster»: Wir nennen es *Liebe.* Nur Menschen, die nie geliebt haben, sprechen von *Hörigkeit.*

Und in den Wissenschaften, ist es da vielleicht anders? Das Wesen der Mathematik sei die Freiheit, hat zum Beispiel Georg Cantor gesagt. Denn entgegen der landläufigen Meinung sind ja gerade dem Mathematiker keine anderen Grenzen gesetzt als die der eigenen Phantasie. Man denke nur an die imaginären Zahlen, an die Welten, die sich hier geöffnet haben! Doch wie viele Forscher wollen den eisigen Wind ihrer Freiheit schon wirklich spüren? Sie werden Schüler, Gefolgsleute, Jünger dieses oder jenes großen Mannes, sie reden und denken in Zitaten. Wer es wagt, die jeweilige Ideologie in Frage zu stellen, wird mitleidlos aus der Herde ausgestoßen. Als Hippassos die «inkommensurablen Strecken» entdeckte und sich damit in Gegensatz zur Lehre des Pythagoras stellte, war er für die übrigen Pythagoreer erledigt. Ihnen war die These «Alles ist Zahl» längst zur Religion geworden.

Doch ich schweife ab. Denn eigentlich wollte ich nur erklären, wie es kam, daß Beziehungen, die theoretisch Jahre hätten dauern können, oft schon nach Wochen wieder auseinanderbrachen. Wie es kam, daß sich einige dieser Männer gedemütigt fühlten und zumindest vorübergehend zu meinen erbitterten Feinden wurden. Und warum es mir nie gelingen wollte, einen meiner Liebhaber später als Freund zu behalten. Bis zum heutigen Tag waren meine Freunde immer Frauen.

Die ganze Zeit dachte ich nur an ihn. Es war paradox: Während die Medien mich mehr und mehr zu einer bestimmten Person stilisierten – und hier liegt eine mögliche Parallele zum Schicksal Nina Gluckteins,

der Frau des Tangosängers –, war ich in Wahrheit eine völlig andere. Denn zumindest in meinen Gedanken war ich die treueste aller Frauen. Wobei mir klar ist, daß es sich bei meiner Art Treue zu keiner Zeit um eine Tugend handelte. Ich liebte jenen Mann ja nicht um eines Gelübdes willen – wie gern hätte ich hier eines abgelegt! –, sondern weil ich nicht anders konnte.
Von seinem Tod erfuhr ich aus den Nachrichten, es dauerte Monate, bis ich überhaupt begriff. Nun, das alles ist jetzt lange her.

8

Warum ich ihn nicht erobert habe, nicht ganz? Ich will Sie, meine Leser, hier nicht mit Konfessionen langweilen, die ich Ihnen zeit meines Lebens ersparte. Allein die Zufälle, die uns in all diesen Jahren immer wieder auseinanderführten, würden ein Buch von tausend Seiten füllen.
Andere Frauen waren nicht im Spiel, jedenfalls nicht maßgeblich. Doch da war seine Arbeit, die ihm kaum Zeit zum Atmen ließ. (War sie die Rivalin gewesen, die ihn gegen mich immun machte?) Mein durch jene kleineren und größeren Skandale beschädigter Ruf. Er war an exponierter Stelle in die Politik seines

Landes verwickelt, ein offenes Bekenntnis zu mir hätte ihm mit Sicherheit geschadet. (Wie habe ich mir gewünscht, ihn wegen dieser Vorsicht verachten zu können!) Oder war es meine großbürgerliche Herkunft, die ihn, den Proletarier, immer wieder zurückschrecken ließ? (Wollte er mich dafür *bestrafen?*) Und dann hat er ja auch einen Teil «unserer» Jahre in Gefängnissen verbracht. Man wird sich vielleicht meines vielbeachteten Engagements für politische Häftlinge erinnern: Es war in jener schweren Zeit die einzige Möglichkeit, ihn zu sehen.

Der eigentliche Grund für mein Scheitern war jedoch, daß ich ihn zu sehr liebte. Vielleicht nicht einmal zu sehr: Ich liebte ihn *falsch.* Die gleiche bedingungslose Anbetung, die mich vor meinen temporären Begleitern fliehen ließ, hat schließlich auch ihn von mir ferngehalten. Wenn er da war, habe ich immer wieder ein paar Liebesschwüre zuviel abgelegt.

Gut, er kam jedesmal zurück, wenn auch einmal erst nach schrecklichen, einsamen Jahren. Nicht zuletzt meine literarische Arbeit hat wohl stets wieder seine Phantasie entzündet (und aus diesem Grund fand sie ja statt). In meiner erfundenen Welt brachte ich es seltsamerweise fertig, den Abstand von ihm zu halten, der mir in der wirklichen regelmäßig mißriet. Obgleich sowohl er als auch das Leben, das er führte, alles andere als langweilig waren, bin ich zu keiner Zeit versucht gewesen, auch nur ein paar Verse über ihn zu schreiben. Daß keines meiner vielen Gedichte

ihm gewidmet ist, liegt nicht nur an der besonderen Situation, in der wir uns befanden. Es kam mir nicht in den Sinn!
Doch sobald er sich näherte, beging ich wieder den gleichen Fehler. Ich glaubte, daß die Maßlosigkeit meines Gefühls ihn schließlich überzeugen müsse – ein Mann will doch geliebt sein. Als ich verstanden hatte, wie abwegig diese Hoffnung war, war es bereits zu spät.
Wie so viele Menschen war ich das Opfer einer Begriffsverwirrung, das heißt, ich war unfähig, zwischen Liebe und Caritas zu unterscheiden. Doch wenn sie sagen, es gäbe zuwenig Liebe auf dieser Welt, meinen sie ja immer nur die Nächstenliebe – jene wundervolle Einbahnstraße, wo der eine ungeniert geben und der andere ungeniert nehmen darf und letztlich beide profitieren. Von der andern, der «eigentlichen», gibt es eher zuviel. Wer redet sich nicht alles ein, der edlere Teil zu sein, weil ihn der andere sitzenließ, obwohl er selber doch alles, notfalls sogar sein Leben, für ihn geopfert hätte!
Verehrte Leser, hören Sie auf die Worte einer sehr alten Frau: Liebe ist allein das Verdienst dessen, der sie in uns zu entzünden vermag. Wer da glaubt, er tue jemand einen Gefallen, indem er ihm seine Welt zu Füßen legt, verwechselt sich mit einem Wohltätigkeitsverein.

9

Ich weiß noch, wie mir damals, ein Jahr nach seinem Tod, als ich endlich den Mut fand, mir das Ausmaß meines Irrtums einzugestehen, die ganze Welt in einem neuen Licht erschien. Wohin ich auch blickte, überall glaubte ich den gleichen dumpfen Mechanismus zu erkennen: Etliche Monate gemeinsamen Glücks, und dann zerfällt das Paar unweigerlich in einen Teil, der immer mehr, und einen, der immer weniger empfindet. Einen, der zu fliehen beginnt, und einen, der ihn verfolgt, ohne ihn je wieder einzuholen. Vor allem, weil der Flüchtende – der ja auch die große Liebe sucht – vielleicht bald schon hinter einem Dritten her ist, der seinerseits vor ihm davonläuft. Ist denn der ganze Globus von solchen unglückseligen Liebesstafetten überzogen? Dreht er sich deshalb?

Und was passiert, wenn der Verfolger plötzlich die Lust verliert? Vielleicht weil ein anderer seine Bahn kreuzt und ihn ablenkt? Bleibt man in solchen Fällen nicht ungläubig stehen, beginnt sogar auf einmal selbst, den ehemaligen Verfolger zu verfolgen? Was ist, wenn ein Flüchtender dank eines Wunders zum zweiten Mal für seinen Anbeter entbrennt und voller Begehren zurückkehrt? Wird dann nicht dieser über kurz oder lang die Flucht ergreifen?

Was wäre geschehen, wenn mein Geliebter meine Leidenschaft in gleichem Maß erwidert hätte? Wäre meine Liebe genausogroß geblieben? Habe vielleicht ich selbst instinktiv immer wieder alles getan, um ihn in einer gewissen Entfernung zu halten? Ich erinnere mich meines Erschreckens, als mein Glück mir dank einer wunderbaren Wendung eines Tages greifbar nah schien. War es ein Erschrecken vor dem Ende gewesen?

Der große Oscar Wilde behauptet, daß die Menschen nur zwei Arten von Tragödien kennen: wenn sie etwas nicht bekommen und wenn sie es bekommen, und daß letztere die bei weitem schlimmere sei. Wollte ich mir diese ersparen? Habe ich, die ich doch zeit meines Lebens alles besaß, was eine Frau für sich erträumen kann (außer Kindern, zugegeben), diesen letztlich unerreichbaren Mann gebraucht, um mir auch noch das zu verschaffen, was mir fehlte: einen Wunsch?

Und falls man im Leben nur die Alternative haben sollte zwischen diesen beiden Rollen: Lieben oder Geliebtwerden, welche ist begehrenswerter? Vor die Wahl gestellt, meinen Geliebten entweder leidenschaftlich lieben zu dürfen oder leidenschaftlich von ihm geliebt zu werden, was hätte ich mir ausgesucht? Überflüssige Gedanken, ich weiß. Ich hatte nicht die Wahl. Außerdem hätte ich diesen Mann so oder so bis in alle Ewigkeit geliebt, keine Theorie kann mir da helfen. Und schon deshalb muß ich eine Formel finden, nach der auch eine gegenseitige Liebe funktionieren kann, nicht wahr?

Wie die Liebe funktioniert – dieses Buch, das ich zu seinen Lebzeiten nie geschrieben hätte. Denn falls es eine Formel gäbe, nach der es möglich wäre, daß zwei Menschen sich bis zum Ende ihrer Tage lieben (und damit meine ich nicht die Schonkostgefühle der sogenannten «guten Ehe», sondern das Wunder, daß es einem noch nach zehn, zwanzig Jahren den Atem nimmt, wenn der andere den Raum betritt), dann hätte ja gerade er, mein Geliebter, sie nicht erfahren dürfen. Wo wäre der Nutzen einer Strategie, die man dem verrät, den man damit erobern will?
Formelsuche. Rückkehr zu einer alten Besessenheit. Der eigentliche Grund, weshalb ich seinerzeit meinen Beruf aufgab – ich hatte vier Jahre lang einen Lehrstuhl für Mathematik an der Universität Buenos Aires – und mich der Schriftstellerei zuwandte. In jenem Frühjahr, während der Vorbereitung zu einem Seminar über Wahrscheinlichkeitsrechnung, hatte ich den irischen Mathematiker George Boole für mich entdeckt, dessen Buch *Laws of Thought* schon Bertrand Russell als das «allererste Buch über Mathematik» galt. Er macht darin klar, daß im Bereich der Logik ähnliche Formalismen möglich sind wie in der Welt der Zahlen, daß sich also die Gesetze des menschlichen Denkens auf ebenso präzise Abläufe reduzieren lassen wie Rechenaufgaben.
Wie so vielen andern, hatten sich auch mir dank dieses Buches neue Welten aufgetan. Die Erkennt-

nisse der Psychologie, der Soziologie, selbst der Theologie – alles begann ich mit dem Raster der Boolschen Algebra zu unterlegen. Wie lautet die mathematische Entsprechung für Gefühle wie Freude, Trauer, Haß? Nach welchen Formeln funktionieren Gruppen, wie entstehen Minderheiten? Läßt sich Unendlichkeit wirklich *denken*? Aus welchem psychologischen Gesetz heraus erfanden wir die Dreifaltigkeit? Ist Gott *axiomatisierbar*?

Ich war fest überzeugt, daß es kein Phänomen gibt, das sich nicht auf Formeln reduzieren läßt, und daß, sobald man einmal herausgefunden hätte, weshalb Menschen in bestimmten Situationen so oder so «funktionieren», für immer alle Konflikte gelöst sein würden. Wer freundlicherweise meine ersten Veröffentlichungen kennt, wird sich entsinnen, daß es dort nur Gut und Böse, Schwarz und Weiß, Licht und Schatten gibt. Das Markenzeichen aller Weltverbesserer. Und weiß Gott, daß ich einer war!

Nicht lange. Denn je mehr ich mich nach meinen «Menschenformeln» umschaute, desto vieldeutiger wurde alles, was ich sah. Und so verwandelte sich die Mathematikerin fast unmerklich in die Poetin – aus der Suche nach dem Allgemeinen wurde die nach dem Besonderen, aus der Passion für Wissenschaft meine heutige, fast demütige Bewunderung für Kunst. Schon nach wenigen Jahren war ich überzeugt, daß es keine Formel gibt, die für uns alle gilt, sondern daß es so viele Handlungsmuster gibt wie Menschen. «Die Wahrheit ist nicht mehr wahr, wenn mehr als ein Mensch an sie glaubt» – die einzige Wahrheit, die ich noch anerkannte. Sie stammt bekanntlich nicht von mir, sondern ebenfalls von Oscar Wilde.

Wilde. Dieser Mathematiker unter den Dichtern (ersetzen die besten seiner Aussprüche nicht ganze Traktate?) war der erste meiner neuen Götter. Während sie früher Pythagoras, Euklid, Pascal, Newton geheißen hatten, hießen sie nun Homer, Shakespeare, Rimbaud, Neruda. Bis ich dann eines Tages jenem Mann gegenüberstand und alle andern zurücktraten.

11

Seit ein paar Jahren denke ich jedoch, daß es vielleicht *einen* Bereich gibt, wo auch im Leben alles nach Schema funktioniert. Daß ausgerechnet dort, wo wir es am wenigsten vermuten, weil es ausschließlich um Gefühle geht, *in der Liebe*, unsere Reaktionen sich mit mathematischer Präzision nach einem voraussagbaren Gesetz abspulen. Und daß es gerade deshalb auch eine auf mathematischer Basis kalkulierbare Lösung geben muß. Die Große Liebe als Gleichung mit einer Unbekannten: $L = a + b \cdot x$. Man suche x, und schon hat man sie!

Aber wo soll man suchen? Romeo und Julia, Orpheus und Eurydike, Tristan und Isolde – jeder kann voraussagen, was bei einer sogenannt glücklichen Wendung aus ihnen geworden wäre. Und ausgerechnet Nina Glucksteins Ehemann hat uns mitgeteilt, was mit Penelopes Leidenschaft passierte, als Odysseus dann endlich bei ihr war (ich spreche von Santelmos Tango *Penelope Sánchez*). Nein, ich will mich hier nicht an Odysseus und Penelope versündigen: Sie wurden wirklich glücklich! Doch leben nicht die meisten Liebesgeschichten der Weltliteratur von der Unmöglichkeit, den Geliebten zu bekommen oder zu behalten?

Wo sind die andern? Gibt es sie nicht? Oder reizen sie die Dichter nur deshalb weniger, weil man leichter etwas beschreibt, das man kennt, die unerfüllte Liebe eben? – Liegt es am Handwerk selbst? Also daran, daß Unglück dramaturgisch ergiebiger ist als Glück, weil ja eine lange, glückliche Liebe darin besteht, daß den Liebenden nichts passiert.

Manchmal hört man dann doch von einem Paar, dem es offenbar gelang, sich über Jahrzehnte hinweg mit gleicher Leidenschaft zu begehren. Scheinheiligkeit? Heuchelei? Eine Fata Morgana, die sich beim näheren Hinsehen auflöst? – Oder sollten sie im Besitz jener Formel sein, die uns anderen verborgen bleibt? Darf diese, ich hatte es angedeutet, immer nur einer von beiden kennen, damit der Zauber funktioniert? Und muß er sie darum der übrigen Welt verschweigen? Falls ja: In welcher Art Verhalten müßte sich ein

solchermaßen Eingeweihter zwangsläufig von uns gewöhnlich Liebenden unterscheiden? Wodurch verriete er sich?
So kam ich auf Nina Gluckstein, die Frau von Chucho Santelmo, dem Tangosänger – die «meistgehaßte Argentinierin», wie es erst vor zehn Monaten, am zweiten Jahrestag ihres Todes, in der *New York Times* wieder einmal hieß.

12

Nina Gluckstein.
Eigentlich war es Zufall, daß ich ausgerechnet an ihrer Person meinen Verdacht zu überprüfen begann. Natürlich hatte ich wie die meisten unter dem Zauber von Santelmos Musik gestanden. Ich halte ihn sowohl für einen der größten Komponisten als auch besten Lyriker unserer Zeit. Was gäbe ich dafür, einen Text wie *Siete sombras* geschrieben zu haben! Wenn mich auf meinen leider immer selteneren Europareisen jemand fragt, ob es auch Landsleute gebe, auf die ich stolz sei, kommt mir als erster – vor Piazzolla, vor Borges – sein Name in den Sinn.
Auch mag bei meiner Wahl mitgespielt haben, daß Nina Gluckstein jüdischer Herkunft war, also einer Rasse angehörte, der wir andern von jeher eine Art

überlegener Erkenntnisfähigkeit zugestehen. Womit wir den Juden freilich im Guten wie im Bösen immer wieder Unrecht tun: «Der Lauf der Dinge ist ein Stillstand, der Wind des Fortschritts ist ein Stein ...» Ein Text, der in Santelmos Nachlaß gefunden wurde, beginnt mit diesen Worten.

Daß ich jetzt über diese Frau zu schreiben beginne, ist allerdings kein Zufall. Die Ereignisse zwingen mich fast dazu. Ich muß dabei an jenen berühmten Ausspruch Martin Luthers denken, einen in diesem Land ebenfalls nicht ganz ungehaßten Toten! Wir können zwar nicht verhindern, daß die Vögel über uns hinwegfliegen, wohl aber, daß sie sich auf unseren Köpfen ihre Nester bauen. So ähnlich drückt es Luther jedenfalls aus; mein Gedächtnis ist leider nicht mehr das beste.

Nun, hier hat man zwar nicht gerade auf meinem Kopf, aber immerhin ganz in der Nähe immer wieder Nester zu bauen versucht, und ich habe keine Lust, dem länger zuzuschauen. Ich spreche von den unerfreulichen Geschehnissen auf der Plaza San Martín, von den Schandtaten an Nina Gluckof Glucksteins und Chucho Santelmos Denkmal.

13

Zwei der vielen Banalitäten, die immer wieder über mich berichtet werden, sind nicht erfunden. Ich mache wirklich jeden Morgen diesen kleinen Ausflug zur Plaza San Martín, und seit meinem Unfall vor vier Jahren bin ich dabei tatsächlich auf die Hilfe eines Krückstocks angewiesen. Ich besitze auch diese oft erwähnte Krückstocksammlung, die inzwischen so umfangreich ist, daß ich es mir theoretisch erlauben könnte, ein Jahr lang jeden zweiten Tag an einem andern Stock zu gehen. Doch eigentlich zeige ich mich nur noch bei Literaturpreisverleihungen, oder wenn sonstwie Kameras zu erwarten sind, mit einem jeweils anderen Modell. Eine weißhaarige Dichterin kann schließlich das Auge der Öffentlichkeit nicht mit den gleichen Reizen betören wie eine junge.

Zunächst besaß ich lediglich ein halbes Dutzend, allerdings sehr extravaganter Exemplare. Freunde brachten sie mir ins Spital, um mir den Übergang zum Dasein eines Krüppels zu versüßen. Doch seit ich in einem Interview zum erstenmal von einer Sammlung fabulierte, bekomme ich sie zur Strafe von überall. Vor einem halben Jahr erhielt ich allerdings einen Stock aus Katalonien, der angeblich dem Maler Dalí gehörte, und seither nehme ich nur noch den. Wer weiß, vielleicht gehörte er ihm wirklich? Jedenfalls liegt eine gewisse Magie darin, am Stock eines Mannes durch Buenos Aires zu gehen, der uns unsere Welt um so vieles phantasievoller hinterließ.

Diese Ausflüge unternehme ich übrigens auf Geheiß meines Rheumatologen. Bewegung und frische Luft, kein Alkohol, das sei Gift für die Gelenke (was ist im Alter eigentlich kein Gift?). Am liebsten hätte er mich bis zum alsbaldigen Ende meines Lebens aufs Land verbannt – die Luft dieser Stadt «der guten Lüfte» ist ja leider kaum frisch zu nennen, und meine Familie besitzt noch immer die Estancia bei Tandil, die ich in den «Argentinischen Landschaften» beschrieb.

Ich weigerte mich mit einem Bonmot von Cortázar: «Aufs Land? Niemals! Das ist der Ort, wo die Hühner roh herumlaufen!» Mein Doktor blieb ungerührt: «Dann schütten Sie in Zukunft wenigstens mehr Wasser in Ihren Scotch. Das ist übrigens die Flüssigkeit, in der die Fische kopulieren.» – Ärzte! Dabei weiß ich genau, daß auch er jemand plagiierte, bloß wen? Nun, das ist sicher nicht die ärgerlichste meiner Gedächtnislücken.

Vergeßlichkeit muß übrigens nicht auf Senilität beruhen. Wenn wir Alten in jeder Beziehung nachlassen, kann es auch daran liegen, daß wir langsam dahinterkommen, daß es die Leute, die wir früher beeindrucken wollten, eigentlich gar nicht gibt. Dies gilt auch für die sogenannten Meisterwerke, die von uns Greisen in der Regel nicht mehr kommen: für welches Publikum? Oder für unsere vielen Abschweifungen. Wie war ich früher darauf bedacht, bei der Sache zu bleiben. Wenn mir heute etwas einfällt, rede ich ungeniert darauflos. Zwei Meter vor dem Grab kann man sich eben alles leisten; daß man nichts mitnehmen kann, gilt ja glücklicherweise nicht nur für das Dollarkonto, sondern auch für den guten Ruf. Ich könnte ganze Bände über die Segnungen des Alters schreiben!

Das mit Dalí war jedoch keine Abschweifung. Unter dem Einfluß seines vermeintlichen Krückstocks dachte ich nämlich vorübergehend daran, seine Frau Gala als Modellfall meiner «Eingeweihten» zu nehmen. Waren diese beiden nicht durch eine lange, glückliche Liebe verbunden gewesen? Dann spielte ich mit dem Gedanken an Wallis Simpson, um deretwillen ein britischer König sogar auf seinen Thron verzichtete. Auch Yoko Ono, die japanische Gefährtin John Lennons, kam mir in den Sinn: Wie hatte sie es geschafft, diesen einzigartigen Mann auf dem Höhepunkt seines Ruhms zu erobern und – seine Interviews beweisen es – bis zum letzten Atemzug zu faszinieren? Hat Santelmos rothaarige Frau die Sache mit der dunklen Brille von ihr kopiert? – Und so kam ich immer wieder auf Nina Gluckstein zurück.

14

Nina Gluckstein.

Ich verlasse also jeweils in aller Herrgottsfrühe meine Wohnung in der Viamonte und marschiere zur Plaza San Martín. Obwohl ich so rasch wie möglich gehe, brauche ich für den Hinweg inzwischen eine gute halbe Stunde – ich spaziere dann über die Florida, wo ich mir am letzten Kiosk meine Zeitungen besorge. Bei gutem Wetter sitze ich auf meiner Parkbank – meiner, weil es seit mehreren Jahren dieselbe ist – und lese dort die Nachrichten des Tages. Es gibt um diese Zeit noch nicht allzuviel Verkehrslärm, man kann deshalb vom Hafen her ganz deutlich die Schiffssirenen hören. Schon als kleines Mädchen kam ich aus diesem Grund gern auf den Platz – wir wohnten ganz in der Nähe, in einer Wohnung, die so groß war, daß man darin sogar radfahren konnte. Im Winter gehe ich ins Hotel Plaza und lese die Zeitungen bei einer Tasse Tee. Kein Grund, das zu verheimlichen, Literaturfreaks sind Spätaufsteher. Für Leute, die einen um diese Tageszeit erkennen, ist man allenfalls eine Kuriosität.

Auf dem Platz, neben meiner Bank, unter einer der altersschwachen Palmen haben sie vor knapp zwei Jahren, am ersten Jahrestag ihres gemeinsamen Todes, eine kleine Plastik von Nina Gluckstein und Chucho Santelmo enthüllt. Eine in Anbetracht des Landesniveaus ungewöhnlich gelungene Bronze, die auf einem Sandsteinsockel steht. Die Gestalten beinah naturalistisch: der hagere Chuchito, die ewige Zigarette zwischen den Fingern, und die zierliche Nina mit ihrer Sonnenbrille und dem im Nacken verknoteten Haar, die Strenge jedoch zurückgenommen durch einen geschwungenen Rocksaum. Wohlweislich waren sie auf dieser meines Wissens einzigen Ehrung, die sie gemeinsam zeigt, nicht umschlungen dargestellt. Sie hielten sich nur an den Händen. Bis dann vor drei Wochen irgendein Fanatiker auch diese Verbindung zerstörte.

Vermutlich war ich die erste, die es entdeckte. Als ich morgens auf den Platz kam und wie üblich sofort den Zustand des Denkmals inspizierte, fehlten die verschlungenen Hände. Jemand hatte in der Nacht die Plastik an den Unterarmen der beiden Figuren auseinandergesägt. Zunächst hoffte ich, das Verbindungsstück irgendwo in der Nähe zu finden, und suchte lange im Gebüsch. Doch natürlich hatte man die Wiedervereinigung verhindern wollen und es irgendwo anders weggeworfen.

15

Eigentlich gab das den Ausschlag. Den Ausschlag dafür, meine ich, daß ich nun vor einer Woche über die beiden zu schreiben begann. Angeregt durch das so nah bei meinem Platz errichtete Denkmal, das ich natürlich vom ersten Tag an als schicksalhafte Aufforderung empfand, hatte ich mich zunächst nur theoretisch mit ihrer Geschichte befaßt. Das heißt, ich untersuchte Santelmos Texte nach Hinweisen auf seine wirklichen Gefühle für seine Frau – und fand da wie erwartet nichts als Anbetung. Ich forschte nach eventuellen Liebesbeteuerungen Nina Glucksteins, Briefen, Tagebuchnotizen und dergleichen – und fand da wie erwartet kein einziges Dokument. Auch hatte ich alle seit der Tragödie erschienenen Biographien gelesen. Die beiden Filme und das alberne Musical, das sie seit einem Jahr in London spielen, habe ich ebenfalls gesehen. Die leider ebensowenig inspirierten Kompositionen, mit denen unsere eigenen Musiker dieses Unglück marktgerecht betrauerten, habe ich mir wohl alle angehört. Zudem habe ich wochenlang die Archive nach Presseberichten aus jener Zeit durchsucht, vom Polizeiprotokoll besitze ich sogar eine Kopie.

Schon kurz nach seiner Errichtung begannen an dem Denkmal die ersten gegen Nina Gluckstein gerichteten Schmierereien aufzutauchen, und ich gewöhnte mir an, in einer Umhängetasche Pinsel und Farbtöpfchen mitzubringen, um die Spuren der Nacht jeweils schon im Morgengrauen wieder austilgen zu können. Das war sicher ein Fehler, denn je unmittelbarer ich vertuschte, desto mehr fühlten sich wohl meine Gegner dazu angeregt, sich neue Beleidigungen auszudenken. Nicht, daß viel dabei herausgekommen wäre, «Hure» war von Anfang an das häufigste Schimpfwort, mit dem man die Tote bedachte. Natürlich immer wieder Hakenkreuze, dieser Stempel der Debilen. Ansonsten die obligaten obszönen Zeichnungen, auch da keinerlei Originalität. Und das alles ausschließlich auf Nina Glucksteins Seite. Santelmos Figur wurde kein einziges Mal beschädigt.

16

Ich weiß nicht, weshalb mich diese Schmierereien so aufbrachten. Vielleicht meine ewige Furcht vor dem, was ich «die Kriminalität der Greise» nenne: Je älter man wird, desto mehr verwischen sich die ohnehin fließenden Grenzen zwischen Toleranz und Gleichgültigkeit. (Was kann mich das noch angehen, hab ich's nicht bald geschafft?) Jedenfalls ist Toleranz nur bei jungen Menschen eine Tugend, bei einem Alten kann sie genausogut Verbrechen sein. «Geh nicht so sanft in jene große Nacht...» Dylan Thomas. Von allen Gedichten ist es mir heutzutage das liebste.

Jedenfalls war ich bald schon so etwas wie eine persönliche Denkmalpflegerin dieser seltsamen Frau, ließ am einen Tag eine kränkende Parole am Sockel und am nächsten eine obszöne Zeichnung oder ein Schimpfwort auf der Plastik selbst verschwinden. Verschwinden ist zuviel gesagt: Ich wischte und überpinselte eben, so gut es ging. Da ich rasch die entsprechenden Mittel kannte, schaffte ich zuweilen kleine Wunder. So gelang es mir einmal, einen auf der Basis zwischen den beiden Figuren gezogenen Trennungsstrich aus gelber Plakatfarbe fast völlig zum Verblassen zu bringen. Dazwischen blieb dann auch wieder wochenlang alles ruhig.

Bis eben das mit den abgesägten Händen passierte und ich begriff, wie sinnlos es war, Nina Glucksteins Ehre heimlich mit dem Pinsel verteidigen zu wollen. Wenn schon, mußte ich meine Feder nehmen.

17

Da ich nicht davon ausgehen kann, daß diese Geschichte nur von meinen Landsleuten gelesen wird, muß ich hier vielleicht kurz erklären, wer Nina Gluckstein und Chucho Santelmo waren. Denn sicher gibt es Menschen, die trotz des weltweiten Aufsehens, das ihre Tragödie erregte, noch nie von ihnen gehört oder dieses Unglück dank neuer, noch erschütternderer wieder vergessen haben.

Chucho Santelmo war der bisher populärste unserer Tangosänger – neben Astor Piazzolla gilt er heute als der bedeutendste unserer Komponisten. Ein Tangokomponist! Ich sehe Sie lächeln. Verstehen doch vor allem Europäer unter Tangomusik noch immer jene von pomadisierten Herren vorgetragenen schmalzigen Gesänge, das marschartig erstarrte Gerucke, zu dem man den Tango in den Tanzhallen der zwanziger Jahre persiflierte. Noch nie ist die Musik eines Volkes dermaßen entwürdigt, prostituiert, vergewaltigt worden wie die unsere!

Doch auch ich wüßte schließlich nicht, wie ich sie Ihnen beschreiben könnte – nicht mit den Mitteln der Prosa. Wie ließe sich etwas beschreiben, das sich jeder Regel der Harmonielehre, jeder kalkulierbaren Dramaturgie entzieht? Das es unseren Gefühlen verwehrt, sich einzunisten, unsere Gedanken immer wieder aufschreckt, unseren Fingern das gönnerhafte Mitklopfen des Taktes untersagt? Und das sich von einer Sekunde zur nächsten total verändern kann:

hinzieht und wieder abstößt, hängenbleibt, um gleich darauf davonzurasen, sich bald ausschweifend gibt, bald kühl, bald voller Lebensfreude ist, bald voller Sehnsucht nach dem Sterben?
Es gibt ein paar klassische Komponisten, bei denen ich das wichtigste Element des Tangos – Willkür – für kurze Augenblicke wiederfinde: Strawinsky, Bartók, Mahler, Schostakowitsch. Auch bei einigen britischen Popmusikern ist es zuweilen zu erkennen. Doch wie vorsichtig ist das alles im Vergleich zu dem, was in den letzten Jahren hier bei uns geschieht!
Chucho Santelmo (*Chuchito*, wie die meisten ihn nannten, obwohl seine Art nicht eigentlich zu Vertraulichkeit einlud; der Nachname ist übrigens ein Pseudonym, er hieß schlicht García) hat vor nunmehr zwei Jahren und zehn Monaten, während eines Konzerts in einem hiesigen Fußballstadion, zusammen mit einundzwanzig seiner jungen Zuschauer in einer Massenpanik den Tod gefunden. Außer den Toten gab es über dreihundert Verletzte.
Seine Frau, Nina Gluckstein de Santelmo, war bei diesem Konzert nicht anwesend, traf jedoch trotz des Chaos, das danach auf den Straßen herrschte – das Konzert und auch das Drama selbst waren vom Fernsehen direkt übertragen worden –, schon fünfzig Minuten später in einem Taxi im Stadion ein. Von einem Polizeikordon geschützt, betrat sie unter dem haßerfüllten Geschrei der aufgebrachten Menge die Sanitätsstation, und auf ihre Bitte ließ man sie mit der Leiche ihres Mannes allein.

Als man eine gute Stunde später, um 23.17 Uhr, nach mehrmaligem vergeblichen Klopfen die Tür jenes Raumes aufbrach, war sie ebenfalls tot. Sie hatte sich mit der eigenen Waffe erschossen, einer versilberten Pistole vom Typ Browning FN 635. Laut amtlicher Mitteilung handelte es sich eindeutig um Selbstmord, die Tür war von innen verschlossen gewesen. Doch die meisten Argentinier haben an diesen Selbstmord nie geglaubt.

18

Es ist schwer, einem Fremden erklären zu wollen, warum das so war. Da muß zuerst einmal die historische Situation unseres Landes berücksichtigt werden. Obwohl der Rechtsstaat einigermaßen wiederhergestellt ist – einen etwa angelsächsischen Standard werden wir auf diesem Gebiet wohl nie erreichen –, hat man jene langen, dunklen Jahre noch immer nicht verwunden. Die Bürger sind damals von ihren Behörden so lange belogen und betrogen worden, daß sie auch heute noch in jeder offiziellen Verlautbarung zunächst eine versuchte Irreführung der öffentlichen Meinung sehen. Wer immer in eine solche Sache verwickelt sein mag – Polizisten, Gerichtsmediziner, Anwälte, sogar Richter –, steht a priori im Verdacht,

ein Gauner zu sein. Auch ausländische Gutachter hätten in diesem speziellen Fall wenig genützt. Notfalls wäre man einfach davon ausgegangen, sie seien von unseren eigenen Leuten entweder erpreßt oder bestochen worden. Man glaubt in diesem Land nicht einmal mehr, was man sieht. Man glaubt, was man will.
Des weiteren spielten die besonderen Umstände der Person Nina Glucksteins eine Rolle: Tochter aus wohlhabendem Haus, Jüdin zudem (rothaarig!), die sich in ihrer zehnjährigen Ehe mit dem beliebtesten Künstler der Nation – dem beliebtesten Argentinier wohl überhaupt – nachweislich *sinnlos* bereichert hatte. Es ist aktenkundig, daß Santelmo seine enormen Einkünfte – allein die Plattenverkäufe brachten ihm noch zu Lebzeiten über hundert Millionen Dollar ein – fast ausschließlich dazu benutzte, seiner Frau kostbare Geschenke zu machen. Nicht nur das Übliche – Schmuck, Autos, Reitpferde. Auch ein kleines Flugzeug war dabei, Villen, Estancias, eine Insel. Ich habe diese Fakten überprüfen lassen, sie sind nicht zu bestreiten; wenn unsere Presse recherchieren will, kann sie es. Auffällig ist nur, daß man bis heute kein Millionenkonto in der Schweiz oder sonstwo entdeckte. War Nina Gluckstein darauf versessen, ihre Beute in Naturalien zu erhalten?
Und noch etwas fällt auf, wenn man rückblickend die rätselhafte Persönlickeit dieser Frau zu ergründen sucht. Obwohl sie in Europa drei Jahre lang Kurse in Malerei und Bildhauerei belegt hatte – zunächst an

der Pariser Ecole des Beaux Arts, später in Wien –, fand sich im Nachlaß doch kein einziges Kunstwerk von ihrer Hand. Dafür eine der schönsten Privatsammlungen von Bildern des Niederländers Piet Mondrian. Viele südamerikanische Minimalisten: Ginsbergs, Raiolis, Plastiken von Martin Godo und Edith Fournier. Und in der Eingangshalle des Hauses in der Cabello, das sie in den letzten Jahren bewohnten, hingen drei der herrlichsten Jensens, die ich je sah. (Es handelt sich hier um jenen in Guatemala geborenen Maler, der angeblich drei Monate brauchte, um ein Bild «auszurechnen», und drei Wochen, um es zu malen.) Vieles spricht dafür, daß diese Kunstwerke, die alle auf einen gemeinsamen Nenner zu bringen sind – es sind kühle, nach streng geometrischen Gesichtspunkten komponierte Werke –, von Nina Gluckstein ausgewählt wurden. Von Santelmo weiß man, daß er sich für bildende Kunst wenig interessierte.

Man weiß auch, daß Nina Gluckstein eine hervorragende Schachspielerin gewesen sein muß. (Natürlich hat das später ebenfalls gegen sie gesprochen: Wer rechnen kann, kann schließlich auch *berechnen.*) Wenn Santelmo auf Konzerttournee war, soll sie nach Zeugnis des Hauspersonals stundenlang vor ihrem Schachcomputer gesessen haben. Und Osvaldo Horovitz, der langjährige argentinische Meister, hat einmal in einem Interview gesagt, er habe oft mit ihr gespielt und zuweilen Mühe gehabt, sie zu besiegen.

Dann war da dieses Amulett, das sie Santelmo zur Hochzeit schenkte. Ein sogenanntes Paracelsus-Amulett, das ein «magisches Quadrat» von fünf mal fünf Zahlen enthält. Sie sind so angeordnet, daß die Summe aller Zahlen in den einzelnen Waagrechten, Senkrechten und Diagonalen gleich ist. Im Mittelalter wurden solche Amulette zum Schutz gegen Liebeskummer und allerlei Krankheiten verordnet. Santelmo trug das seine bis zur Stunde seines Todes.
Und weiter: Ist es ein Zufall, daß die Muster auf den florentinischen Fliesen, mit denen Nina Gluckstein den Schlafraum im ersten Stock auslegen ließ, nach den Gesetzlichkeiten der Substitutionsgruppen geordnet sind? Und was ist mit dem berüchtigten «Pampawolkenkratzer», den der brasilianische Architekt Paolo Ben nach ihrem Konzept erbaute? Sind hier nicht auf exemplarische Weise die Regeln des Goldenen Schnitts respektiert?
Selektive Wahrnehmung einer leidenschaftlichen Rechnerin? Möglich. Doch wie könnte ich umhin, in allen diesen Spuren die Signale einer mir verwandten Seele zu erkennen?

19

Nina Gluckstein.

Da sie in der Öffentlichkeit mit betonter Schlichtheit auftrat – sie war nach landläufiger Meinung weder außergewöhnlich attraktiv, noch schien sie sich in dieser Beziehung irgendwelche Mühe zu geben –, war man ihrer Verschwendungssucht lange nicht auf die Spur gekommen. Und als Einzelheiten darüber durchzusickern begannen, war sie dank einer – vielleicht falschen – Kalkulation der Medienleute noch jahrelang vor Indiskretionen geschützt. Santelmos Beliebtheit war so groß, daß es für Enthüllungen über seine Frau zunächst nicht den richtigen Markt zu geben schien.

Als man schließlich aber doch mit der «Entlarvung» begann, stürzte die öffentliche Meinung sozusagen ins Bodenlose. Die Fans, die ja über ihre Idole alles zu wissen glauben, fühlten sich doppelt betrogen: wegen des Geheimnisses selbst und wegen der vielen Jahre, die man es vor ihnen verborgen gehalten hatte. Auf einmal schien das Bedürfnis nach Information unerschöpflich zu sein, Medien und Konsumenten wiegelten sich gegenseitig immer weiter auf. Je mehr Sensationen die eine Seite servierte, desto gieriger schien die andere zu werden. Es tobte eine Hetzkampagne, wie sie sogar in der Geschichte unseres wahrlich nicht zimperlichen Pressewesens bis heute ohne Beispiel ist. Und die fast zwangsläufig zu einer Tragödie wie der im Stadion führen mußte.

Als das Unfaßbare dann passierte und Nina Gluckstein schon eine Stunde nach dem Tod Santelmos freiwillig aus dem Leben schied, saß man in der Falle – nicht nur die Journalisten, mit ihnen auch die Hälfte der Bevölkerung. Daß eine solche Frau aus Verzweiflung über den Tod ihres Mannes nicht weiterleben wollte, *durfte* nicht sein. Denn es hätte bedeutet, daß sie ihn liebte, und gerade dies konnte sie ja nach der während der vergangenen Monate geschürten Meinung nicht. Woher sollte eine so kühl kalkulierende Person plötzlich so übermächtige Gefühle nehmen?
Wenn man behauptet, Nina Gluckstein sei zur Zeit des Dramas so etwas wie Staatsfeind Nr. 1 gewesen, ist das nicht übertrieben. Für viele, vor allem jüngere Menschen, war dieser Sänger das Vaterland. In ihren Augen verkörperte er jene Integrität, die sie den Regierenden noch immer nicht zutrauten. Selbst wenn man gewollt hätte, konnte man sie, diesen Blutsauger am Hals des Ritters, nicht von einer Stunde zur nächsten als große Liebende ziehen lassen.
Aber natürlich wollte man es gar nicht. Wenn das, was man dieser Frau angetan hatte, ein Unrecht gewesen war, dann waren die Medienleute sowohl für den Tod jener vielen jungen Menschen als auch für den des Nationalhelden verantwortlich. Und jeder weiß, wer in einem solchen Fall am längeren Hebel sitzt.

So gibt es schließlich seit jenen Tagen immer neue Theorien über Nina Glucksteins Ende, in denen alles vorkommt außer dem Wahrscheinlichen: In keiner Beschreibung hat sie sich aus Gram über den Tod ihres Mannes umgebracht. Es war Lynchjustiz, das Werk eines oder mehrerer Täter – je nachdem –, die zur Satisfaktion seiner Anhänger den Tod Santelmos an ihr rächten.

Man präsentierte immer andere Verdächtige. Einmal war der Druck aus der Bevölkerung so groß, daß die Polizei nach Erscheinen eines Buches, das neue, «unwiderlegbare» Beweise für die Selbstjustizthese brachte, einen am Tag des Dramas auf der Sanitätsstation arbeitenden Medizinstudenten in Untersuchungshaft nahm. Und obwohl man ihm natürlich nichts nachweisen konnte, stand hinterher für Santelmos Anhänger fest, daß auch die Behörden nicht an einen Selbstmord glaubten. Hätte man den Studenten sonst verhaftet?

21

Da Nina Gluckstein, noch während die Panik tobte, einen Hubschrauber hatte chartern wollen, wurde sogar behauptet, sie habe sich aus irgendwelchen obskuren Gründen – Geld, was sonst? – ins Ausland abzusetzen versucht. Die Vermutung der Untersuchungsbehörde, daß sie damit lediglich schneller ins Stadion kommen wollte, sich dann aber doch für ein Taxi entschied, schien niemand einzuleuchten. Die Angestellte der Charterfirma hatte ausgesagt, sie habe bei jenem Aufruf auf die Frage nach dem Ziel der Reise «mit sehr ruhiger Stimme» geantwortet, das gehe sie nichts an.
Die Art, wie diese Frau umgekommen war, war nicht korrekt, das sah jeder – man bemühte sich schließlich, ein Rechtsstaat zu sein. Doch hatte sie dieses Ende nicht geradezu *provoziert*? Auch wenn es inzwischen stiller um ihren Tod geworden ist, hat sich an dieser Einstellung – die Vorgänge am Denkmal beweisen es – wenig geändert. Kollektivschuld, die in kollektiven Selbstbetrug mündet. Die Medien und ihre Massen hatten, wie so oft, einen Unschuldigen gejagt und erteilten sich die Absolution, indem sie ihn noch einmal schuldig sprachen.
Es heißt, daß es in England noch dreißig Jahre nach dem Ende Oscar Wildes als unschicklich galt, auch nur den Namen des Dichters auszusprechen. Nina Gluckstein ist noch nicht einmal drei Jahre lang tot.

Nina Gluckstein.
Ich war wohl eine der wenigen, die von Anfang an *ihre* Seite sahen. Vielleicht weil ich aus schmerzlicher Erfahrung wußte, wie sehr sich der Ruf und die Wirklichkeit eines Menschen voneinander unterscheiden können. Zunächst schien mir dies allerdings nicht wichtig. Wie die meisten trauerte ich um Santelmo und die vielen jungen Menschen, die da so sinnlos den Tod gefunden hatten. Wenn ich an Nina Gluckstein dachte, beneidete ich sie höchstens um den Mut, ihr Leben zugleich mit dem des Geliebten beendet zu haben – eine Tat, für die ich selbst zu feige gewesen war. (Oder war es heldenhafter, am Leben zu bleiben?)
Seit ich mich näher mit dem Schicksal dieser Frau befasse, weiß ich, daß es gar nicht anders gewesen sein kann als so, wie es im Polizeibericht steht. Doch was nützen in einem solchen Fall schon Fakten? Die Wirklichkeit ist bestenfalls eine Geschichte von mittlerer Qualität. Da Erfundenes dem Geschmack der Konsumenten entgegenkommt (erfunden wird immer für jemand, Wahres passiert für sich selbst), ist es meist auch unterhaltsamer. Und hat demzufolge die größeren Chancen, weitererzählt und geglaubt zu werden.
Deshalb wird die Wahrheit sich auch kaum «von allein» durchsetzen, wie uns Gutgläubige belehren. Wenn man ihr nicht nachhilft, indem man sie den

Gesetzen der Dramaturgie entsprechend nachbaut und als griffigen Gegenmythos serviert, hat sie wenig Aussicht auf Erfolg. Man kann eine falsche Legende nur mit einer etwas wahreren bekämpfen. Wer es mit nackten Tatsachen versucht, hat von vornherein ausgespielt. Nur ein Dichter könnte zum Beispiel heute den Mythos Eva Perón korrigieren. Für Juristen oder Historiker ist es längst zu spät. Doch warum etwas ändern? Mir zum Beispiel gefällt ihr Heiligenschein. In der jungen Geschichte unseres Landes gibt es so wenig Helden, daß ich auch für die erfundenen dankbar bin.

Eine «pervertierte Patriotin» hat der gute Huemez mich genannt. Möglich. Denn sicher ist meine Liebe zu diesem so wenig vollkommenen Land einer der Gründe, weshalb ich nicht möchte, daß Nina Gluckstein das Monstrum bleibt, das man aus ihr gemacht hat.

23

Nina Gluckstein.
Wie viele wissen, lernte sie Chucho Santelmo zwei Wochen vor Weihnachten im Haus von Roberto Anchorena kennen, der damals sein Agent war. Eine Fügung, wie Santelmo in einem Fernsehinterview später einmal sagte, denn sie habe eine andere Verabredung gehabt und sei durch eine lächerliche Kleinigkeit aufgehalten worden. «Eine Fügung des Himmels?» hatte der Interviewer listig hinterfragt. Doch weitere Fragen zu dem Thema wollte Santelmo nicht beantworten.
Sagen wir, daß die beiden sich von der ersten Stunde an nicht mehr aus den Augen ließen. Wir können dies zwar nicht beweisen, doch nehmen wir es der Einfachheit halber einmal an. Daß sie Nina Glucksteins Geburtstag und auch das direkt daran anschließende Weihnachtsfest miteinander verbrachten, ist verbürgt. Sie ließen sich drei Tage lang das Essen aus dem heute noch existierenden französischen Restaurant *Chez Jo* in Santelmos Junggesellenwohnung in der Esmeralda kommen. Alfonsina Menéndez, schon damals seine Sekretärin, hatte die Gewohnheit, auch unbedeutende Belege aufzuheben. Die wichtigen hat sie dann in der schlimmen Zeit an die Presse verhökert, die andern den späteren Biographen zur Verfügung gestellt.
Dann die Silvesternacht in einer Suite des Plaza; auch dafür existiert der Beleg. Santelmo, schreibt einer der

Biographen, wollte auch dieses Fest zu Hause feiern, doch «die Rote» habe auf dem teuersten Hotel der Stadt bestanden. – Woher will er wissen, daß sie es war, die darauf bestand? War er dabei?

24

Sie sehen, daß ich mich der gleichen Daten bediene wie all die andern, die über das Paar geschrieben haben. Und genau wie jene werde ich mir erlauben, die Zeit, für die es keine Zeugen gibt, weil die beiden miteinander allein waren, mit meiner Phantasie auszufüllen. Der Unterschied wird darin bestehen, daß sich hier erstmals jemand mit Sympathie für Nina Gluckstein an die Arbeit macht. Und daß meine Geschichte wahrscheinlich etwas kürzer ausfallen wird – Lyriker schreiben nie lange Bücher.

Sagen wir also ruhig, daß sie und Santelmo nach Silvester noch drei Wochen in Buenos Aires verbrachten und – nach einem Konzert in Mar del Plata, für das er seit Monaten verpflichtet war – auf die Estancia *La luna* gingen, die er dann in dem berühmten Tango *Tardes de luna* besang und bereits ein Jahr später für sie kaufte.

Auch daß sie nach zehn Tagen plötzlich abreiste und monatelang in Europa verschwand, soll hier nicht

übergangen werden. Sie habe in der Schweiz einen andern Mann getroffen, heißt es in der Biographie von Pietrangeli. Welchen Mann? Hat er ihn gesehen? Gut, es ist erwiesen, daß Santelmo in jener Zeit nach Genf reiste und seltsamerweise schon am Tag der Ankunft wieder zurückflog. Aber sonst?
Nina Gluckstein habe schon damals die ersten Geschäfte mit Santelmos Geld getätigt und sei aus diesem Grund in der Schweiz gewesen, behaupten die Biographen López und Leblanc. Die Kürze seines Aufenthalts lasse sich am einfachsten dadurch erklären, daß sie eine Bankvollmacht von ihm brauchte. Dann sechs Wochen nach ihrer Rückkehr die pompöse Hochzeitsfeier, bei der sich – wieder nach Aldo Pietrangeli – zum erstenmal ihre Verschwendungssucht zeigte. Eine Hochzeit, zu der sie ihn mit einer fingierten Schwangerschaft erpreßte, wie Nadia de la Sierra vermutet. Wie sonst wolle man sich erklären, daß Chucho Santelmo, der doch die schönsten Frauen des Landes haben konnte, ausgerechnet eine Nina Gluckstein nahm, «. . .dieses dürre Nichts, das man ohne die rote Mähne in einer Sekunde vergessen hätte»?
Hier noch ein paar Worte zu Santelmo selbst, weil es vielleicht – für uns Hiesige unvorstellbar! – doch Leute gibt, die noch nie eine Fotografie oder eine Videoaufnahme von ihm gesehen haben. Chucho Santelmo war groß, hager, mit auffallend schmalen, stets leicht gebeugten Schultern. (Wenn er auf der Bühne stand, mußte man unwillkürlich denken, er

habe die schwere technische Ausrüstung gerade vorher selber angeschleppt.) Glattes, sehr exakt geschnittenes und sehr dunkles Haar, das ihm bei seinen berühmten Bandoneon-Soli wie ein Dreieck in die niedere Stirn zu fallen pflegte. Eng an der Nasenwurzel liegende, ungewöhnlich kleine, dunkle, leuchtende Augen, die ohne zu schielen stets auf einen Punkt gerichtet schienen wie bei einem Tennisspieler. (Was ihm beim intellektuelleren Teil der Presse seinen Spitznamen eingetragen hatte: *Polyphem.*) Er war ein Kettenraucher, der wann immer möglich eine Zigarette zwischen den langen, knochigen Fingern hielt. Obwohl er meist in einer Gruppe von fünf, sechs Musikern stand, wirkte er bei seinen Auftritten irgendwie einsam. Und wenn er lächelte, was selten geschah, fühlte man sich beschenkt.

25

Nehmen wir also an, es war in Buenos Aires, in jener ersten gemeinsamen Silvesternacht in der Suite des Plaza. Daß es eine sogar für diese Jahreszeit ungewöhnlich heiße Nacht war, müssen wir nicht erfinden, lediglich die Uhrzeit – ein Uhr morgens – und den Grund, warum Nina Gluckstein sich sogar später noch so genau daran erinnerte: Beim Öffnen des kleinen Kühlschranks hatte sie plötzlich bemerkt, daß sie ihre Armbanduhr noch trug. Sie streifte sie ab und legte sie aufs Fensterbrett, und dabei sah sie, daß es Punkt eins war.

Als sie später mit den Gläsern zum Bett zurückkehrte, klingelten darin leise die Eiswürfel. Und vielleicht war nicht einmal so sehr das Datum und die Stunde, sondern dieses meßdienerhafte Geklingel daran schuld, daß sie offenbar plötzlich beide das Verlangen hatten, zu dieser vor einundzwanzig Tagen und Nächten über sie hereingebrochene Leidenschaft etwas Grundsätzliches zu sagen.

«Noch nie habe ich eine Frau so begehrt wie dich», begann Santelmo.

«Und ich habe das Gefühl, überhaupt noch nie einen Mann begehrt zu haben», sagte Nina Gluckstein darauf.

«Wenn du da bist, muß ich dich ansehen. Wenn ich allein bin, denke ich stundenlang an dich.»

«Ich kann ohnehin nur noch an dich denken.»

«Warum ausgerechnet ich, frage ich mich dann – sie könnte doch jeden haben!»

«Und du? Alle Frauen stehen dir zur Verfügung!»

«Ich will nur dich. Du bist die, auf die ich gewartet habe, das weiß ich genau.»

«Und ich weiß, daß ich nie vorher geliebt habe. Und daß ich nie jemanden lieben werde, der nicht du bist.»

Santelmo stellte sein Glas ab, drückte seine Zigarette aus, nahm sie in die Arme:

«Ich kann ohne dich nicht mehr leben», sagte er leise.

«Ich auch nicht», entgegnete Nina Gluckstein. «Falls du vor mir stirbst, bringe ich mich um.»
Kitsch, ich weiß.

26

Kitsch. Dieser erste Dialog zwischen Liebenden – wie aus einem der Radiodramen, mit denen unsere Sender früher die Vormittage der Hausfrauen zu verschönern suchten. Dabei ist gerade dieses Gespräch ganz echt: Genau das haben jener Mann und ich in einer unserer allerersten Nächte fast wörtlich zueinander gesagt, und keiner hat dabei auch nur lächeln müssen. Doch es ist unmöglich, das so hinzuschreiben. Da man sich in feierlichen Situationen einer besonders unechten Sprache bedient, müßte Literatur,.die das nacherzählen will, hundertmal authentischer sein als das Leben.
Und dann die Eiswürfel, die leise in den Gläsern klingeln – banaler ist das wohl nicht auszudrücken. Aber auch hier weiß ich genau, woher ich es genommen habe. Zwar war es in einer andern Stadt, in einem andern Hotel, und es war auch nicht die Silvesternacht. Doch wie Nina Gluckstein hatte ich beim Öffnen des Kühlschranks auf die Armbanduhr geblickt und sie dann ausgezogen: «Wieviel Stück Eis?»

«Zweieinhalb.»
«Um Himmels willen, so weit kann ich doch nicht zählen!»
«Das hab ich mir gedacht.»
Als ich ihm dann sein Glas brachte – wie Santelmo lag er im Bett, wie Santelmo rauchte er –, hob er es hoch und ließ die Eiswürfel klingeln: «Woran erinnert dich dieses Geräusch?»
«Eiswürfel in einem Whiskeyglas.»
«Du bist vielleicht eine Dichterin! Hör doch ...»
«Eine Straßenbahn.»
«Aber nein.»
«Ein Pferdeschlitten.»
«Sind wir vielleicht in Europa?»
«Kinderzeit.»
«Schon wärmer.»
«Sonntag.»
«Noch wärmer.»
«Kirche.»
«Es wird heiß.»
«Messe!»
Und das alles, weil er einen Übergang zu einer seiner hunderttausend Anekdoten brauchte – als Kind hatte er einmal als Meßdiener ausgeholfen –, die er dann auf dem Höhepunkt wie üblich in einer Mischung von Gelächter und Raucherhusten erstickte. Wie glücklich bin ich in jener Nacht gewesen!

27

Ich glaube, es wird Zeit, daß ich mich hier zu ein paar Wahrheiten bekenne, auch vor mir selbst. Es gehe mir darum, Nina Gluckstein zu rehabilitieren, habe ich zu Beginn dieses Buches behauptet. Wenn ich von mir spräche, so nur, damit Sie ihre Geschichte leichter verstünden. Ist es in Wirklichkeit nicht umgekehrt? Wird dieses Buch nicht geschrieben, weil ich

a) einen Vorwand brauche, um in diesen letzten Wochen, Monaten, vielleicht Jahren, die mir bleiben, über das einzige Thema nachzudenken, das mich jetzt noch interessiert (das Thema des Scheiterns meiner Liebe);
b) durch das schrittweise Nachvollziehen von Nina Glucksteins Schicksal endlich mein eigenes verstehen möchte (das Schicksal des Scheiterns meiner Liebe);
c) trotz meiner Verachtung für Selbstbiographen nun doch nicht aus der Welt kann, ohne Ihnen, den Lesern, das Geheimnis meines Lebens zu offenbaren (das Geheimnis des Scheiterns meiner Liebe).

Literatur, du lieber Himmel, als ob es darum ginge! *Er* ist es, dessen Erinnerung ich in jedem Bild, jedem Dialog heraufbeschwören möchte, egal mit welchen Mitteln.

Nina Glucksteins sonderbare Macht über ihren Geliebten wollte ich angeblich erklären. Es ist die

Macht meines Geliebten über mich, die mich hier interessiert. Wie konnte er mich in eine so große Leidenschaft stürzen?

Und dann die Erzählung, die ich Ihnen in Aussicht stellte. Soll dies vielleicht eine Erzählung sein? Wenn man genau hinsieht, stehen da eine Menge Chiffren und Gleichungen und Zahlenreihen. Liefere ich nicht Mathematik?

Ich lese hier zum Beispiel noch einmal die Beschreibung von Chucho Santelmo, das mit den schmalen Schultern und so weiter. Gut, Santelmo ist kein Athlet gewesen, das wissen wir alle. Doch waren seine Schultern «auffallend schmal»? Hier wollte ich eindeutig damit prahlen, daß die Schultern meines Geliebten auffallend breit gewesen sind: Eine reelle positive Zahl (+1) wurde durch ihr negatives Gegenbild (−1) ersetzt.

Und was war so «ungewöhnlich» an Santelmos dunklen Augen, seinem glatten, dunklen Haar? Neunzig Prozent der Männer sehen bei uns so aus! Da suchte ich doch schlicht mitzuteilen, daß die Augen des Mannes, um den es hier wirklich zu gehen scheint, für die eines Südamerikaners ungewöhnlich hell waren. Und daß sein Haar, obwohl ergraut, auch zuletzt noch voll und widerspenstig war. Einsam wirkten sie beide, das stimmt, auch starke Raucher sind beide gewesen. Nur daß Santelmo dann an seiner Liebe zu Nina Gluckstein zugrunde ging, und er an seinen ewigen Zigaretten.

28

Einzig in der Sprache der Mathematik könne die Welt, in der wir leben, angemessen beschrieben werden, las ich dieser Tage in einem Lehrbuch des Mathematikers Meschkowski. Vergessen wir daher die Literatur, halten wir uns an die Wirklichkeit und beschreiben wir diese erste Szene «angemessen». Sagen wir also, daß Nina Gluckstein (jetzt nur noch von ihrem langen roten Haar bedeckt) mit den beiden Gläsern zum Bett zurückkehrte und daß dabei die Eiswürfel zum Klingeln kamen. Sagen wir weiter, daß vielleicht dieser kleine, feierliche Ton daran schuld war, daß sie und Santelmo an jenem 1. 1. (um ein Uhr morgens) das Verlangen überkam, zu ihrer Liebe etwas Grundsätzliches zu sagen. Und daß ihr Gespräch sich dann auf eine Weise entwickelte, als würden sie von Stufe zu Stufe schreiten, auf jeder eine Gleichung hinterlassend:

Niemals habe er eine Frau so begehrt wie sie, begann Santelmo.	–	Und sie habe das Gefühl, überhaupt noch nie einen Mann begehrt zu haben, sagte Nina Gluckstein darauf.
Wenn sie da sei, müsse er sie ansehen. Wenn er allein sei, denke er stundenlang an sie.	–	Sie könne ohnehin nur noch an ihn denken, entgegnete Nina Gluckstein.

Warum ausgerechnet ihn, frage er sich dann. Sie könne doch jeden haben! – Und er? Alle Frauen stünden ihm zur Verfügung!

Er wolle nur sie. Sie sei die, auf die er gewartet habe. Das wisse er genau. – Und sie wisse, daß sie nie vorher geliebt habe. Und daß sie nie jemanden lieben werde, der nicht er sei.

Santelmo stellte sein Glas ab, drückte seine Zigarette aus, nahm Nina Gluckstein in die Arme:

«Ich kann ohne dich nicht mehr leben», sagte er leise. – «Ich auch nicht», entgegnete sie. «Falls du vor mir stirbst, bringe ich mich um.»

29

Nina Gluckstein und Chucho Santelmo lagen in jener Nacht wie erschöpft beieinander. Ihre Liebesschwüre hatten sie zugleich berauscht und erleichtert, keiner hatte die Gefahr erkannt. Nina Gluckstein erinnerte sich später, daß sie noch tagelang dachte, wie richtig es war, ihm endlich das Ausmaß ihrer Gefühle gestanden zu haben. Denn sie liebte ihn ja tatsächlich wie keinen Mann zuvor und wußte, daß sie tatsächlich ohne ihn nicht leben konnte.
Doch natürlich war es falsch.

30

Sie begann diesen Irrtum schon drei Wochen später zu erkennen. Die Hitze hatte inzwischen die Stadt geleert, wer es sich leisten konnte, war am Meer. Santelmo absolvierte noch das kurze Gastspiel im wie immer heillos überfüllten Mar del Plata – er sang bei dieser Gelegenheit zum ersten Mal eine ihr gewidmete Komposition –, und danach zogen sie sich auf jenes bereits erwähnte Gut im etwas kühleren Süden zurück.
Sie kannten sich nun seit über einem Monat, und auch wenn seine Leidenschaft nicht auf kontrollier-

bare Art nachgelassen hatte, spürte sie die Veränderung doch deutlich. Er las jetzt viel, führte lange Telefongespräche. Auch trank er mehr als in Buenos Aires, und seine Bemerkungen waren oft ironisch, als wolle er zu verstehen geben, daß alles, was er zu ihr sagte, mehr oder weniger provisorisch sei.
Bereits am ersten Tag wählte er ein Pferd, eine wie stählern glänzende Stute – auf der Hülle seiner LP *Yegua de acero* ist eine solche abgebildet –, auf der er nun stundenlang übers Land ritt. Als sie einmal lächelnd bemerkte, sie habe den Eindruck, er möge dieses Pferd lieber als die meisten Menschen, sagte er: «Stimmt, es applaudiert nicht.» Er lag neben ihr auf der Koppel, blickte in den Himmel, der Himmel war blau und weiß. Sie konnte nicht umhin, seine Hand zu nehmen, so einsam erschien er ihr in diesem Augenblick.

31

Seine Instrumente rührte er nicht an. Es entstand jedoch in jenen Tagen nachweislich der Text für eine seiner weniger erfolgreichen Kompositionen, den bereits erwähnten Tango *Penelope Sánchez*. Auch mich fasziniert er nicht wegen seiner lyrischen Qualitäten, sondern wegen des Zeitpunkts, zu dem er ihm in den Sinn kam.

Penelope Sánchez ist ein Mädchen aus den Slums von Buenos Aires, deren junger Ehemann eines Tages nach Chicago aufbricht, um dort das große Geld zu machen, und dem sie beim Abschied die Treue verspricht. Wer immer ihr den Hof macht – und da sie hübsch ist, sind es viele –, dem erklärt sie, daß sie auf Odysseus warte. «Ich weiß, daß er zurückkommt», sagt sie den vor der Bretterbude herumlungernden Freiern, «– er wird eines dieser großen Autos fahren und einen Anzug mit Weste und Krawatte tragen. Er wird eine Zehnzimmerwohnung kaufen, mitten in der Stadt. Wir werden für immer glücklich sein!»

So geht das zwanzig Jahre lang, und obwohl Odysseus' Briefe immer seltener werden und die Freier immer unverschämter nach ihr geilen, wartet Penelope, ohne je an seiner Liebe zu zweifeln und ohne ihm auch nur ein einziges Mal untreu zu sein. Und natürlich kommt er zurück. Doch als er dann in einem Chevrolet vor ihrer Hütte hält und aussteigt – in einem dunkelblauen Anzug, zwanzig Jahre älter wohl, doch noch immer gutaussehend –, erkennt sie ihn nicht einmal. Der Mann, den sie in ihren Träumen aus ihm gemacht hat, ist soviel glanzvoller, daß ihr dieser hier wie ein Bettler erscheint. Noch am gleichen Tag erhört sie einen der Freier, und Odysseus fährt in seinem Straßenkreuzer einsam und traurig nach Chicago zurück. Man solle Frauen nicht warten lassen, singt Santelmo am Ende des Lieds, auch ihre Sehnsucht könne gefährlich sein – und wie gern hätte ich ihm da aus eigener Erfahrung widersprochen!

Nehmen wir an, daß Nina Gluckstein es an meiner Stelle tat: «Wenn sie ihn wirklich liebte, hätte sie ihn auch nach der Rückkehr noch geliebt!»

«Nach zwanzig Jahren? Du bist verrückt!»

«Ich würde dich noch nach hundert Jahren lieben. Und natürlich hätte ich dich sofort erkannt, in jeder Verkleidung!»

32

Seit zwei Tagen keine Zeile. Denn wie umständlich ist es, dieses kaum merkliche Zurückweichen Santelmos, diese Wolke, die sich hier vor seine Leidenschaft schob, mit den Mitteln der Prosa begreiflich zu machen! Und wie vergleichsweise einfach wäre es in einem Gedicht, wo ein Wort, sogar eine Silbe genügt, um ganze Welten zu beschwören! Natürlich habe ich erwogen, hier ein Stück Lyrik einzuschieben; so mancher Schriftsteller vor mir hat diesen Ausweg gewählt. Doch man weiß auch, wie viele Leser solche Einschübe dann wirklich zur Kenntnis nehmen: Bei Gedichten bis zu 20 Zeilen sind es 26 Prozent; falls der Exkurs doppelt so lang ist, legen achtzig von hundert Personen das Buch zur Seite, und nur jede dritte nimmt es später wieder auf. Ich würde meiner Sache einen schlechten Dienst erweisen!

Schuld daran hat wohl zum einen die Barbarei des Schnell-Lesens, diese neue Pest, die ausgerechnet in jenem Augenblick über uns hereinzubrechen begann, als wir aus den Fabriken die Akkordarbeit vertrieben. Ein Gedicht läßt sich ebensowenig schnell lesen, wie man schnell ein Gemälde betrachten oder schnell ein Fest feiern kann. Wie unbefriedigend muß das für unsere Leistungsfanatiker sein! Den andern Teil der Verantwortung tragen sicher unsere Schulen. Ohne zu bedenken, daß jeder Zwang in die entgegengesetzte Richtung treibt, lassen wir Kinder wie eh und je Gedichte memorieren und verschütten so bei den meisten für immer jede natürliche Neugier auf diese strengste und schönste aller Künste.

Letzteres gilt wohl auch für die strengste und schönste der Wissenschaften, die Mathematik. Und deshalb bin ich auch in meinen Interviews immer wieder dafür eingetreten, daß der Unterricht in diesem Fach weitgehend auf freiwilliger Basis funktionieren sollte. Was man hier später wirklich wissen muß, beherrscht man im Alter von neun Jahren – das übrige wird in der Ära der Taschenrechner mangels Übung ohnehin gleich wieder vergessen. Und nur so, ohne Zwang, kann meines Erachtens jene Besessenheit entstehen, die zum Beispiel ich in meiner Jugend erleben durfte.

Zumindest die höhere Mathematik war damals in unserem Land ein Geheimnis von wenigen, die wie jene frühen Jünger des Pythagoras darüber wachten, ihr Wissen keinem «Unwürdigen» zu verraten. Logisch, daß hier die Unwürdigen in erster Linie wir Mädchen waren – die meisten haben vor diesem Hindernis auch rasch und freudig kapituliert. Doch wie wurde gerade meine Phantasie dadurch beflügelt! Meine Welt, die während der Pubertät auf die Banalitäten des Lebens einer höheren Tochter geschrumpft war, wurde dank der Mathematik wieder geheimnisvoll und groß.

Und je weiter ich vordrang, desto süchtiger wurde ich nach mehr. Es war, als dürfte ich noch einmal meine Kinderzeit durchleben: Das glückliche Erschrecken, mit dem man sich die jeweils höhere Zahlenreihe erobert! Jenes erste Gefühl der Grenzenlosigkeit in einer bis dahin für überschaubar gehaltenen Welt! Mag sein, daß ich schon damals ein Sonderfall war. Wie andere Kinder vor dem Einschlafen beteten, versuchte ich Abend für Abend, mir «Unendlichkeit» vorzustellen, und war erst zufrieden, wenn mir von meinem Experiment schwindelig wurde.

Welch eine Kraft, die in mathematischen Formeln

steckt (lassen sie nicht an geballte Fäuste denken?), welch souveräne Kürze! Wie viele Seiten wären zum Beispiel nötig, um die Schrödingersche Differentialgleichung aus der Quantenmechanik in Umgangssprache zu übersetzen! Und welch herrliche Universalität dieser Sprache: Ob in Buenos Aires, Shanghai, Moskau – wer die Zeichen der Mathematik beherrscht, kann den andern verstehen! Die Genauigkeit, mit der hier sogar mit Silben umgegangen wird: *eindeutig, eineindeutig, geordnet, halbgeordnet, wohlgeordnet* – und jedesmal eine neue Dimension! «Nur in der Sprache der Mathematik kann die Welt angemessen beschrieben werden.» Ja – aber wie wenig Menschen sind imstande, die herbe Schönheit einer solchen Beschreibung zu verstehen!

Und machen nicht gerade wir Schriftsteller sie immer wieder verächtlich? Kein Mathematiker würde es wagen, mit seinem schlechten Stil oder seiner mangelnden Rechtschreibung zu prahlen. Doch dem Künstler gilt eine schlechte Note im Rechnen als sicheres Omen geistiger Überlegenheit. Man war auserwählt, etwas Besseres zu werden, daher die instinktive Abneigung gegen die Welt der Zahlen. Und wenn wir auch alle auf gutgeführten Bankkonten bestehen, möchten wir doch nichts zu tun haben mit den Leuten, die das für uns erledigen.

Was anderes steckt, wieder einmal, dahinter als eine Manipulation der öffentlichen Meinung? Wer nicht präzise denken kann – und um nichts anderes geht es in der Mathematik –, sucht den Ausweg ins Ungenaue, Vage, wird Künstler und eben oft auch Schriftsteller oder Journalist. Und dort, in den Medien, erhält er dann die Macht, seine eigene Schwäche und die von seinesgleichen zur Stärke zu verklären. Denker könnten zwar ebenfalls schreiben – was für brillant formulierte mathematische Aufsätze habe ich allein während der letzten Monate gelesen! –, doch in der Regel tun sie es nicht, denn

a) können sie ja etwas anderes, und
b) würde sie die Schlamperei in diesem Metier zum Wahnsinn treiben.

So kommen denn die Genauen schön kontinuierlich in den Ruf von Fachidioten und die andern in den von, zumindest potentieller, Genialität. Doch die wirklich großen Künstler, die ich in meinem Leben kennenlernte, hatten immer auch ein Auge für die Schönheit der Welt der Zahlen. Übrigens auch ein Ohr für Musik: Die Welt ist Harmonie und Zahl, heißt es bei Pythagoras, dem Meister.

33

Nina Gluckstein.
Da sie Santelmo keine Fragen stellen wollte (schon gar nicht die eine), rekapitulierte sie eines Abends, als sie sich am Eßtisch bereits wie geschmückte Fremde gegenübersaßen – er trug zu seiner Jeanshose ein weißes Smokinghemd, sie hatte sich eine weiße Blüte in ihr im Kerzenlicht wie kupfern aussehendes Haar gesteckt –, die Geschichte ihres Kennenlernens:
«Ich bin sicher, daß es Schicksal war, daß du ausgerechnet an diesem Tag bei den Anchorenas auftauchtest», bemerkte sie zum Abschluß kühn. Sie spürte ihr Herz schlagen. Denn natürlich glaubte sie nicht an ein persönliches Schicksal. Doch sie wußte auch, daß jeder Liebende sich durch den Gebrauch dieses Wortes verraten muß: Wenn Liebe ein anderes Wort für Götterglaube ist, wird der Verliebte (wie alle Frommen) nichts unversucht lassen, um ein Ergebnis aus dem Gesetz der Serie (wie etwa die erste Begegnung mit dem neuen Gott) zu einem Wunder zu frisieren.
«Anchorena und ich hatten einen Vertrag zu besprechen, ich wäre an diesem Tag auf jeden Fall zu ihm gekommen», entgegnete Santelmo.
«Dann war es Schicksal, daß ich noch da war, denn ich wollte gerade gehen. Übrigens erkannte ich dich sofort, meine Gleichgültigkeit war reine Verstellung.»
«Jeder erkennt mich sofort.» Er lachte.

«Doch ich trug neue Sandalen, und weil mich die Füße schmerzten, hatte ich mir im letzten Augenblick von Mimi Anchorena ein Paar Strümpfe geborgt. Während ich sie in ihrem Zimmer anzog, hörte ich Bremsen kreischen. Ich lief zum Fenster, und da standst du! – Du sahst weniger düster aus als auf den Fotos, doch ich erkannte dich gleich!»

«Dann verdanken wir unsere Liebe nicht dem Schicksal, sondern einem stümperhaften Schuhfabrikanten ...» Er hob lächelnd sein Weinglas: «Trinken wir auf sein Wohl!»

Ihr war, als habe er mit diesen Worten die Linie vorgezeichnet, an der später einmal die Bruchstelle zwischen ihnen zu verlaufen hatte: Hier ich, dort du – zwei elegante, erwachsene Menschen, die der reine Zufall für eine sehr absehbare Zeit zusammenführte. Liebste, könntest du dir das bitte merken?

(Wenn ich zurückdenke: Wie oft habe auch ich versucht, jenem Mann von der Schicksalhaftigkeit unserer Leidenschaft zu reden, wie oft habe ich ihn damit verschreckt. Und zuweilen, wenn ich lange genug geschwiegen hatte, war er es dann, der vom Schicksal einer großen Liebe sprach! Du lieber Himmel, warum habe ich nicht *immer* geschwiegen? Wie konnte ich ihn so selbstsüchtig der Illusion berauben, daß hier etwas war, das es zu erobern galt – eine Wählermehrheit, ein Parlament, ein Land! Einen Mann, der so eindeutig für den Kampf gemacht war wie dieser!)

Jedenfalls begriff sie, daß sie handeln mußte, doch sie wußte nicht, wie. Und seltsamerweise war er es dann, der ihr den Weg zeigte. Am übernächsten Tag wurde bei einem der älteren Gutsarbeiter zur Feier eines Hochzeitsjubiläums ein Fest veranstaltet, bei dem er der Ehrengast war. Unter dem Eukalyptusbaum neben dem kleinen Haus wurden Lämmer gebraten, und später sang man gemeinsam seine Lieder, die dank des Fernsehens auch hier draußen jeder kannte. Doch als sie noch in der Nacht zurückreiten wollten, lahmte sein Pferd, und da der Weg weit war und er es nicht zurücklassen wollte, beschlossen sie zu bleiben. Wie selbstverständlich bot ihnen das Jubiläumspaar sein zur Feier des Tages mit Papiergirlanden geschmücktes Bett; wie selbstverständlich nahm er die großzügige Geste an.

«Warum hast du das zugelassen?»

«Wenn wir da draußen lägen, würden sie kein Auge schließen. Wir tun ihnen einen Gefallen.»

«Aber diese Leute lieben dich. Sie beten dich an!»

«Liebste, das ist doch dasselbe ...» Sie konnte in der Dunkelheit sein Gesicht nicht sehen, doch seine Stimme war voller Ironie: «Wir beten einander doch auch an, oder?»

«Ich jedenfalls dich.»

«Wenn du die Wahl hättest, würdest du dann lieber anbeten oder angebetet werden?»

Sie zögerte: «Lieber anbeten.»

«Da siehst du, wie gut ihr's alle habt.»
(Auch jener Mann hat das einmal zu mir gesagt: «Keiner von denen will mehr selber denken. Sie schauen mich an und warten auf eine Offenbarung. Manchmal macht mir das angst.» Offenbar hat es auch seinen Gegnern angst gemacht, denn zwei Monate später wurde er zum erstenmal verhaftet.)

35

Wenn ich dich bitte, ja zu sagen, sage nein, so wird mein Verlangen stärker und stärker werden ... Der römische Dichter Ovid hat diesen Satz formuliert. Leider hat er nicht dazugesagt, wie man nein sagt zu einem, nach dem sich alle Sinne verzehren.
Nina Gluckstein schlief lange nicht. Sagen wir, daß sie in dieser Nacht begriff, daß in einer Liebe, und sei sie noch so groß, auf die Dauer nur einem das Privileg zusteht, dem andern seine Ergebenheit zu offenbaren. Und daß das in diesem besonderen Fall nur er sein konnte. Zweifellos war sie eine einigermaßen begehrenswerte Frau, doch davon gab es viele, und die meisten standen ihm wohl tatsächlich zur Verfügung. Wenn sie ihn behalten wollte, gab es nur einen Weg: Sie mußte die werden, die nicht vor ihm in die Knie ging. Und wenn sie durch ein Wunder erreichen

konnte, daß er je wieder von Liebe zu ihr sprach, durfte sie seine Gebete auf keinen Fall erwidern. Ein Gott, der zurückbetet, bleibt nicht lange göttlich, und wenn er den seinen nicht in ihr fände, würde er ihn bald in einer andern suchen.

Sie lag noch lange wach. Vom angebauten Holzverschlag kam von Zeit zu Zeit das Schnauben eines ihrer Pferde und ein säuerlicher Stallgeruch, der bei jedem Windhauch vom Duft des Eukalyptus fortgeschoben wurde. Im Hin und Her dieser beiden so gegensätzlichen Gerüche schlief sie dann wie in einer Wiege im Morgengrauen ein. Schon am nächsten Tag flog sie unter einem Vorwand in die Hauptstadt zurück und dann mit der ersten Linienmaschine weiter nach Paris, dieser «hypochondrischen Kokotte», wie es in einem seiner Lieder heißt. Sie hatte beschlossen, die Frau zu werden, bei der er bleiben würde.

(Warum bin *ich* damals nicht abgereist!)

36

Er erzählte ihr später, daß er schon am folgenden Tag in ihrer Wohnung angerufen habe, doch das entsprach nicht den Tatsachen. Am folgenden Tag fuhr er in die dreihundert Kilometer entfernte Kreisstadt, wo er sich in der Bar des einzigen Hotels betrank. Bald war wie üblich alles voller Menschen, doch er ließ sich mit niemand ein. Ein Kerl mit fetten nackten Armen versprach ihm gegen Mitternacht eine gewisse Conchita, falls er einen bestimmten Tango für ihn sänge, und er sagte ihm, er solle sich zum Teufel scheren.

Als er später mit einer weiteren Flasche in sein stickiges Zimmer kam, lag zu seiner Verblüffung die blutjunge Kellnerin auf dem Bett. Er fragte sie, ob sie Conchita heiße. Nein, sagte sie, ihr Name sei Lidia.

«Bist du sicher?»

Das Mädchen begann zu kichern: «Ich heiße Lidia! Ehrenwort!»

Er ließ sich aufs Bett fallen, und als die Kleine dann mit runden Kinderhänden den Reißverschluß ihres schwarzen Röckchens öffnete – er war dafür bereits zu betrunken –, dachte er zum erstenmal an sie. Doch er dachte lediglich, daß es schön wäre, wenn sie erst in einer Woche wiederkäme.

37

Am übernächsten Vormittag rief er bei ihr an – eher zerstreut und ein wenig erstaunt darüber, daß sie sich noch nicht gemeldet hatte. Am Nachmittag – es war etwas kühler als sonst – ritt er lange über Land, und am Abend versuchte er es wieder, und ab ein Uhr morgens dann mindestens jede halbe Stunde. Da er wußte, wie miserabel sie Auto fuhr, dachte er eigentlich mehr an einen Unfall; um sie der Untreue zu verdächtigen, war er sich ihrer Liebe zu jenem Zeitpunkt noch zu sicher.
Um acht Uhr früh, er war noch wach, wurde ihm ihr Telegramm übermittelt. Sie gab darin eine Genfer Adresse an, wo sie demnächst zu erreichen sein werde – eine Geldangelegenheit habe sie leider gezwungen, augenblicklich nach Europa abzureisen –, und schloß ihre Nachricht mit ICH LIEBE DICH. Die Erklärung erstaunte ihn nicht. Sie war die Tochter eines Industriellen, er kam aus der Unterschicht. Irgendwie fühlte er sich gerettet, wenn er auch nicht wußte, wovor.
Er vertrödelte noch fünf Tage auf dem Land, und als er schließlich nach Buenos Aires zurückkehrte, nahm er unverzüglich die vor nunmehr acht Wochen durch seine Leidenschaft jäh unterbrochene Romanze mit Amelita Díaz wieder auf, einer regionalen Schönheitskönigin. An Nina Gluckstein dachte er jetzt schon häufiger, doch es dauerte noch eine ganze Woche, bis er sich eingestand, wie sehr er sich nach ihr sehnte.

38

Nina Gluckstein.

Wie schon den Pythagoreern, galt vielleicht auch ihr die 17 als Unglückszahl. Sie «sperrt» zum Beispiel die Zahlen 16 und 18, die die bemerkenswerte Eigenschaft besitzen, daß sie als Inhaltszahlen zu solchen Rechtecken gehören, deren Inhalt gleich dem Umfang ist. In der Tat: Ein Quadrat mit der Seite 4 hat den Flächeninhalt und den Umfang $4 \cdot 4 = 16$, und entsprechend haben wir beim Rechteck mit den Seiten 6 und 3 den Umfang $2 \cdot (6 + 3) = 18$ und den Inhalt $3 \cdot 6 = 18$. Ich, zum Beispiel, die ich wie alle zur Ungläubigkeit verdammten Menschen stets gierig nach jeder Gelegenheit zum Aberglauben greife, habe nie etwas Wichtiges an einem Siebzehnten unternommen. Niemals wäre es mir etwa in den Sinn gekommen, meinem Geliebten an einem Siebzehnten einen Brief zu schreiben.

Um ihre Strategie nicht zu gefährden, blieb Nina Gluckstein siebzehn Tage in Paris, wobei sie sich freilich darauf beschränkte, Kleider einzukaufen, die Santelmo gefallen könnten, und abends bei dem argentinischen Sänger eines Nachtklubs seine Kompositionen zu bestellen, die jener dann mehr schlecht als recht vortrug.

Erst am glückverheißenden achtzehnten Tag reiste sie weiter nach Genf und fand dort in ihrem Hotel tatsächlich mehrere Botschaften, in denen er sie in immer dringlicherer Sprache bat, ihn nach ihrer

Ankunft anzurufen. Sie tat es nicht, und als am folgenden Morgen sein Anruf kam, in Buenos Aires war es fünf Uhr früh (sie hatte beim ersten Klingeln auf ihre Armbanduhr gesehen), ging sie auch nicht ans Telefon. Sie blieb liegen, die Arme verschränkt, die Hände um die Schultern gekrallt, so groß war die Versuchung, den Hörer abzunehmen. Und als nach einer Ewigkeit das Läuten abbrach, hatten ihr die Nägel sichelförmige Male in die Haut gegraben.

Sie kleidete sich an und ging hinaus. Sie lief durch verwinkelte Gassen und dachte an ihn und an die breiten, lauten Straßen ihrer Stadt. Am Seeufer entlang – eine Schulklasse fütterte ein paar Schwäne – und dachte an ihn und an die menschenleeren Seen ihrer Heimat. Auf eine Bergkette zu und dachte an ihn und an die große Ebene ihres Landes. Als sie nach dreieinhalb Stunden zurückkehrte, hatte er abermals angerufen. Diesmal lautete die Nachricht, daß er am übernächsten Tag, mit dem Flug Swissair 725, bei ihr eintreffen werde.

39

Dieses Glück war noch nicht das ihre: Vierzig Minuten vor seiner Ankunft verließ sie das Hotel. Die Angestellten an der Rezeption hatte sie gebeten, dem zu erwartenden Gast zu sagen, sie sei auf dem Rückweg in die Heimat, seine Botschaft habe sie gar nicht mehr erreicht. Als er schließlich eintraf, stand sie im gegenüberliegenden Café am Fenster, und als er gleich darauf mit seiner Reisetasche wieder heraustrat – sie hatte vergessen, wie rasch er sich zu entscheiden pflegte –, erschrak sie so, daß sie sich festhalten mußte.

Er lief ein paar Schritte über den leeren Platz auf sie zu – sie dachte schon, er habe sie entdeckt –, zündete sich noch im Gehen eine Zigarette an, blieb dann aber plötzlich stehen. Er bewegte sich anders als zu Hause, dieser Teil der Welt war eindeutig nicht seiner. Sie wollte schon zu diesem verlorenen, von der langen Reise übermüdeten Mann hinauslaufen, als er sich auf einmal abwandte und in die entgegengesetzte Richtung davonging.

Am Ende des Platzes kamen ihm zwei junge Frauen entgegen. Er fragte sie etwas, und sie deuteten zu der Straße, in die er ohnehin gerade einbiegen wollte, und gingen dann freundlich miteinander plaudernd weiter. Als seien sie nicht *ihm* begegnet, dachte Nina Gluckstein. Als hätten sie nicht *ihn* gesehen.

(Ich erinnere mich, wie ich als Studentin – ich befand mich auf meiner ersten Europareise – im Britischen

Museum vor einer Glasvitrine mit einem Manuskript von Newton stand und einem Käfer zusah, der über die Seiten kroch. Langsam, gleichmäßig, *gleichgültig* – über Sir Isaac Newtons Schrift!)

40

Sie blieb noch zwei volle Monate. Zunächst in Paris, doch als in dem Nachtklub der Landsmann durch eine Flamencogruppe ersetzt wurde, mietete sie sich ein Auto mit Kassettenspieler und fuhr, begleitet von seiner spöttischen Stimme, seiner zerrissenen Musik, durch die engen Länder dieser vollgepfropften Welt, die wir so zärtlich die alte nennen.

So sah sie, eingetaucht in seine Tangos, Belgien und Holland, das blaubeschilderte Westdeutschland, ein Stückchen Österreich. In Mailand hielt sie an und kaufte sich noch mehr Kleidungsstücke, und danach lief sie noch fast eine Woche lang im Käfig Venedig auf und ab.

Wenn sie im Restaurant saß, betrachtete sie die zierlichen Gestalten der Kellner, dachte an die Männer ihres Landes, die so groß und unerschrocken waren. Das entsprach natürlich nicht der Wirklichkeit, doch diese hatte sie ja längst hinter sich gelassen: Santelmo war so, und jenseits von ihm war

nichts mehr für sie wirklich. Einmal nahm sie sich einen Geliebten, und in der Gleichgültigkeit, die sie bei ihrer Hingabe an diesen Fremden empfand, war sie ihm für eine Nacht so nah wie lange nicht.
Bei einem Besuch im ehemaligen Judengetto entdeckte sie ein Schachspiel – ein wahres Wunderwerk venezianischer Glasbläserkunst: statt der üblichen Schachfiguren kirchliche Würdenträger, auf der einen Seite die Juden, auf der andern die Christen, bereit, aufeinander loszugehen. Statt der Könige Oberrabbiner und Papst, jeder mit seinem gläsernen Dogma in der erhobenen Hand. Sie kaufte es, und trotz des schwierigen Transports, trotz häufigen Benutzens ist keine der kostbaren Figuren je in die Brüche gegangen (als ich sie kürzlich besichtigen konnte, waren sie jedenfalls alle unversehrt). Osvaldo Horovitz hat zum Beispiel erwähnt, daß er und Nina Gluckstein immer nur mit dem venezianischen Glasschach gegeneinander spielten. Da sie beide Juden waren, hätten sie die Seiten vorher jeweils mit einem komplizierten Würfelspiel untereinander ausgelost.
Auch das Amulett mit dem «magischen Quadrat», das sie Santelmo später zur Hochzeit schenkte, hat sie damals in Venedig gekauft. Sie hängte es sich noch im Laden des Trödlers um den Hals, und obwohl sie an solchen Hokuspokus nicht glaubte, spürte sie, wie ihre Angst augenblicklich geringer wurde. Sie hatte jetzt seit zweiundfünfzig Tagen nichts von ihm gehört. In Europa war er zu jener Zeit noch fast

unbekannt, und argentinische Zeitungen waren weit und breit nicht aufzutreiben.
Endlich bestieg sie in Genua ein Schiff – ein Flugzeug hätte nach Ungeduld ausgesehen –, zählte die Tage, die Stunden, die Wellen, und kam an einem klaren Herbsttag – es war jetzt schon Mai – zu Hause an.

41

Die Straßen lagen verlassen wie in ihren Träumen, und erst als sie ausstieg, erwähnte der Fahrer, daß dies einem Fußballspiel zu verdanken sei. Sie betrat das Haus, ließ die Koffer bei der Portiersloge stehen und rannte am verschnörkelten Aufzuggitter entlang die drei Stockwerke zu ihrer Wohnungstür hinauf. Und im selben Augenblick, als sie eintrat, begann das Telefon zu läuten.
Er habe sich nach ihr gesehnt, sagte er nach einer Stille. Sie sich auch, entgegnete sie, jedoch rasch und mit einem kleinen Lachen. Sie bat ihn, noch bis zum nächsten Tag zu warten, sie komme ja gerade erst an.
Als sie den Hörer auflegte, hatte sie nur noch den Wunsch, vor irgend jemand oder etwas dankbar hinzusinken. Doch dann fiel ihr ein, daß sie ja an nichts glaubte als an ihn.

42

Er sagte ihr,

1. daß er sie liebe, daß er Tag und Nacht an sie gedacht, sie überall gesucht habe, ihr sogar nachgereist sei;
2. daß er zuweilen geglaubt habe, vor Sehnsucht wahnsinnig zu werden, und daß ihm alle andern Frauen gleichgültig seien;
3. daß er sie brauche, daß sie ihn nie wieder verlassen dürfe, daß er ohne sie weder denken noch arbeiten könne, weil ohne sie alles sinnlos sei.

Er sagte ihr schließlich,

4. daß er ohne sie nicht mehr leben könne.

Und diesmal beherrschte sie sich und betete nicht zurück.
Und als er sie dann im Morgengrauen bat, seine Frau zu werden, beantwortete sie diese Bitte zwar mit ja, doch so, als gebe es etwas zu verlieren in dem Leben, aus dem sie kam.

43

So vergingen die Wochen, die Monate. Sagen wir, daß sie beim Einschlafen in seinen Armen lag und am Morgen neben ihm erwachte. Und im Gegensatz zu den übrigen Lieben, wo die Leidenschaft des einen nach und nach die des andern zu ersticken scheint, sollte diese überdauern. Die seine blieb durch ihre Zurückhaltung entfacht, und die ihre war ja ohnehin unzerstörbar. Er war jetzt ihr Mann, und zum Dank dafür, daß er sie dermaßen beherrschte, benahm sie sich herrschaftlich.

Sie hatte viel zu lernen. Zum Beispiel

– wie man sich abwendet von einem, den man nicht aus den Augen lassen will;
– wie man zerstreut Abschied nimmt und bei der Heimkehr nicht vor Glück zittert;
– wie man den einzigen, auf dessen Meinung es ankommt, nicht fragt;
– wie man gemäßigten Schrittes zum Telefon geht und einem Auto, Schiff, Flugzeug nicht nachblickt;
– wie man einschläft neben jemand, von dem man keinen Atemzug versäumen will;
– wie man Wünsche *nicht* erfüllt.

Wie man Wünsche *nicht* erfüllt. Nichts einfacher als das, wie oft hab ich mir's gesagt! Und dann lief ich durch Buenos Aires und tat genau das Gegenteil! Der Baum dort – hat er nicht gesagt, die wachsen nur bei ihnen? Ich werde ein Foto für ihn machen. Diese Schlagzeile in der Nachtausgabe – das kann wichtig für ihn sein, ich ruf ihn an. Den grauen Wollschal könnte er doch beim Fischen brauchen, auf dem Boot? Und wie müßte ihm dieses Lied gefallen – wie heißt es denn, kann man es kaufen?

Mein Gott, warum habe ich mich nicht beherrschen können! Warum habe ich nicht bedacht, daß Nehmen wirklich weniger selig ist als Geben? Weshalb ist mir nicht wenigstens Zenons berühmte Paradoxie vom Wettlauf mit der Schildkröte eingefallen: So sehr der Läufer Achilles sich auch anstrengt, nie ist er mit ihr zur gleichen Zeit am selben Ort! Ich weiß, die moderne Mathematik hat auch das Problem des Infinitesimalen gelöst. Doch als Schülerin dachte ich immer: Warum hat Achilles nicht einfach stillgehalten?

Nina Gluckstein hielt still. Sie ließ Santelmo auf sich zukommen, sie betrachten, umkreisen, weiterlaufen, sich erinnern, sich nach ihr sehnen, umkehren, zurückgehen. Immer und immer wieder. Gelobt sei Nina Gluckstein.

Um ihm zu gefallen, unterließ sie tatsächlich bald alles, was den Eindruck erwecken konnte, sie beabsichtige es. So besaß sie nun zwar – um seinetwillen – viele Kleider, doch sobald er eines besonders zu bewundern schien, zog sie es lange nicht mehr an. Sie wußte, daß er sie gern in Weiß sah, und suchte diese Farbe gerade deshalb zu meiden. Und da er ihr oft sagte, wie sehr er die üppige Masse ihrer roten Haare liebte, trug sie sie nun oft nach hinten gekämmt und im Nacken verknotet. Und dann, eines Tages, wie aus einer Laune heraus, erwartete sie ihn bei der Rückkehr in herrlichen weißen Kleidern, mit offenem Haar.

45

Im Beruf kam für ihn eine Zeit der noch größeren Triumphe, denn die lustvolle Unfreiheit, die er bei ihr gefunden hatte, machte ihn ja dem Rest der Welt gegenüber so frei wie nie zuvor. Seine Musik wurde noch gewagter, und wenn er auftrat, sang er seine Texte so, als gäbe es keinen Abgrund, in den man nicht blicken, und keinen Gedanken, den man nicht denken dürfe.

Die Besucher seiner Konzerte, die jetzt in immer größeren Hallen, zuweilen auch schon in Stadien stattfanden, spürten diese neue Kraft – die freilich aus einer neuen Schwäche kam; doch das wußte ja nicht einmal er selbst – und vergötterten ihn mehr denn je. Und wenn die Ovationen bei seinen öffentlichen Auftritten, dieser hysterische Jubel nach jedem Lied, der in keinem sinnvollen Verhältnis zu seinem Können stand, ihn früher deprimierten (denn wenn er das Höchste war, wie banal war dann die Schöpfung, wenn er es nicht war, wie lächerlich sein Publikum!), reagierte er nun ohne Zynismus. Da auch er jemand hatte, zu dem er aufblicken durfte, *sie,* konnte er sich die Gebete seiner Jünger mit nachsichtigem Spott gefallen lassen. Viele seiner Lieder waren ohnehin ihr gewidmet.

Er gab es dann jedesmal vorher bekannt: «Den folgenden Titel singe ich für meine Frau ...» Dann erst legte er die Zigarette aus der Hand, nahm sein Instrument, begann zu singen.

Sie kam jedoch selten in seine Konzerte. Der Rausch seines Publikums war dem ihren zu ähnlich, als daß sie ihn hätte genießen können. Auch empfand sie die von Mal zu Mal größere Schar seiner Gefolgsleute als ihren natürlichen Feind. Denn je schwächer die andern wurden (je mehr sie ihm zu Füßen lagen), desto stärker mußte sie scheinen (desto göttlicher mußte sie sich geben). Je hemmungsloser sie ihn umjubelten (je inbrünstiger sie zu ihm beteten), desto beherrschter mußte sie sich zeigen (desto weniger durfte sie ihm das Ausmaß ihrer Liebe gestehen). Auch machten ihr die Menschenmassen, in denen er sich so furchtlos bewegte, immer mehr angst: Er war ja jetzt ihr Leben. Sie schenkte ihm ein silbernes Messer – als Talisman, sagte sie leichthin –, das er von da an immer bei sich trug. Er gab ihr als Gegengeschenk eine kleine Pistole, ebenfalls aus Silber, mit eingraviertem Namenszug. Zur Verteidigung, sagte er ernst. Sie sei ja sein Leben.

Trotzdem zeigte sie sich in der Öffentlichkeit wenig. Sie trug dann stets eine dunkle Sonnenbrille und hatte ihr schönes Haar streng zurückgekämmt. Und da die Fotos, die man bei solcher Gelegenheit von ihr machte, gegen ihren Willen entstanden, lächelte sie darauf nie.

Seine Anhänger waren erstaunt, daß er, der doch jede haben konnte, sich eine so kühle, ja kalte Frau genommen hatte. Doch da man sie um seinetwillen nicht kränken wollte, einigte man sich zunächst darauf, sie «geheimnisvoll» zu nennen.

47

In diesem ersten gemeinsamen Jahr entstand der weniger bekannte Tango *El viejo*, unter allen Kompositionen Santelmos mein Favorit. Er handelt von einem kalifornischen Astronauten, der nach der Rückkehr von einer Mondlandung in jeder hellen Nacht an seinem Swimmingpool sitzt und in den Himmel starrt. Und je länger er den Mond anschaut, desto weniger kann er glauben, daß er oder irgendein anderer Mensch je dort gewesen sein soll. Er beruft eine Pressekonferenz ein, in der er sich und die gesamte NASA der Propagandalüge bezichtigt. Kein Amerikaner sei je auf dem Mond gewesen, man brauche doch nur hinaufzusehen, um das zu begreifen! – Erst als er alt wird und langsam das Augenlicht verliert, beginnt er an seine Tat zu glauben. Daß wir auf dem Mond waren, singt Santelmo, können wir uns nur vorstellen, wenn wir nicht zu ihm hinschauen.

Noch eine Komposition aus dieser Zeit sei hier erwähnt, weil sie bei jenem unglückseligen letzten Konzert eine so traurige Rolle spielte. Ich spreche von dem Tango mit dem Titel *Nina Gluckstein.* Obwohl er seit dem bewußten Tag von unseren Sendern nicht mehr gespielt wird – ich habe ihn jedenfalls nie mehr gehört – und weder als Ton- noch Videoaufzeichnung erhältlich ist, gibt es wohl niemand, der ihn nicht kennt. Hat man je einen profanen Text gehört, der mehr einem Gebet gleicht?

Gebet? Sind Liebeslieder wirklich Gebete? Waren Nina Gluckstein und Chucho Santelmo sich wirklich gegenseitig ihre Götter, der eine des andern Kirche und Religion? Kann ich, die ich dies behaupte, eine Liebende – denn natürlich liebe ich jenen Mann noch immer, der Tod scheidet *nichts* –, vom Standpunkt des Mathematikers hier überhaupt brauchbare Aussagen machen? Ist das nicht, als ob einer versuchte, sich an den eigenen Haaren aus einem Sumpf zu ziehen? Oder als ob man etwas über eine Menge sagen wollte, die sich selber als Element enthält?
In der Einleitung zur Erklärung dieses von Bertrand Russell erkannten Widerspruchs, der sogenannten Russellschen Antinomie, findet sich folgende Geschichte: Ein Dorfbarbier rasiert einen Mathematiker, sie sprechen über den Gang der Geschäfte. «Ich rasiere all die Leute im Dorf, die sich nicht selber rasieren», sagt der Barbier zufrieden. «Rasieren Sie sich selber?» fragt der Mathematiker. «Wenn Sie sich nämlich selber rasieren, dann können Sie sich nicht selber rasieren, denn Sie sagten doch gerade, daß Sie nur die Leute rasieren, die sich nicht selber rasieren. Und wenn Sie sich nicht selber rasieren, dann gehören Sie doch gewiß zu den Leuten im Dorf, die sich nicht selber rasieren, und Sie sagten doch gerade, daß Sie all die Leute rasieren, die sich nicht selber rasieren!»
Sollte man also über die großen Leidenschaften nur

Unbeteiligte befragen? Menschen, die sie entweder überhaupt nicht kennen oder darunter etwas ganz anderes verstehen? Für die zum Beispiel Liebe soviel wie Beistand, Solidarität, Verstehen und Verzeihen ist, der Geliebte ein Partner, auf den man sich verlassen kann, ein Freund, zu dem man «trotz aller seiner Schwächen» steht? Müßte man sich an diese Leute wenden, um etwas über die Liebe zu erfahren? Denn für das, was hier passiert, haben sie ja schon einen Namen – sie nennen es *Hörigkeit*. Ein Wort voller Mitleid und Verachtung für uns, die wir *Einen* zu *Allem* machen und ihnen, den Besonnenen, den Rest der Welt überlassen.

Doch könnten diese Alters- und Krankenversicherungsexperten uns wirklich etwas über Liebe sagen? Könnte man nicht ebensogut Fische übers Fliegen befragen oder die Blinden bitten, den Sternenhimmel zu beschreiben? Bleiben eben doch nur Dorfbarbiere, um übers Rasieren auszusagen. Und auch wenn es sich dabei vom rechnerischen Standpunkt um eine Antinomie handeln sollte, können vielleicht nur Leute wie ich über Nina Glucksteins Strategie des Glücks berichten.

Denn dieses Glück hielt an.
Das Gefühl von Überdruß, das andere Männer auf dem Höhepunkt des Erfolgs so unausweichlich überfällt – was könnten sie sich jetzt noch wünschen? –, blieb Santelmo erspart. Dank ihres Verzichts auf all die zärtlichen Kapitulationserklärungen, nach denen es Liebende so dürstet, hatte Nina Gluckstein dafür gesorgt, daß dieser Mann, der alles haben konnte, nie glauben mußte, alles zu besitzen. Indem sie ihm *ihre* Gebete ersparte, schenkte sie ihrem Geliebten das Größte, das sie zu vergeben hatte: eine niemals vollkommen gestillte Sehnsucht, einen niemals ganz erfüllten Wunsch. Gerade weil sie ihn so über alle Maßen begehrte, spielte sie eine Frau, die es von Tag zu Tag neu zu erobern galt.
Auch hier muß ich unwillkürlich an eine Anekdote aus der Welt der Naturwissenschaften denken: Unter den Postulaten des Euklid gibt es eines, das fünfte, das die Mathematiker immer wieder beschäftigt hat – das sogenannte «Parallelenpostulat». Generationen von Geometern haben sich vergebens bemüht, seine Richtigkeit zu beweisen. Einen von ihnen, den Mitte des letzten Jahrhunderts verstorbenen Wolfgang von Bolyai, hat das Verlangen nach dem Besitz dieses Geheimnisses fast zum Wahnsinn gebracht. In einem Brief an seinen Sohn Johann, der ebenfalls Mathematiker war, hat er folgendes geschrieben: «Es ist unbegreiflich, daß diese unabwendbare Dunkelheit,

diese ewige Sonnenfinsternis, dieser Makel an der Geometrie zugelassen wurde, diese ewige Wolke an der jungfräulichen Wahrheit... Ich beschwöre dich bei Gott, laß die Lehre von den Parallelen in Frieden!... Schauderhafte, riesige Arbeiten habe ich vollbracht, habe bei weitem Besseres geleistet, als bisher geleistet wurde, aber keine vollkommene Befriedigung habe ich je gefunden...»

Nun, dieser Sohn, Johann von Bolyai, ließ sich davon nicht abschrecken und löste schließlich das Problem, indem er die «nicht-euklidische Geometrie» erfand und das «nicht-euklidische Parallelenaxiom» formulierte: *In einer Ebene gibt es zu einer Geraden g durch einen Punkt P mindestens zwei parallele Geraden.* Seinen Vater hat er damit womöglich um sein ganzes Glück gebracht: Jener Mann muß seine Sehnsucht, seinen Traum verloren haben.

Santelmo blieb seine Sehnsucht bis zum Schluß erhalten. Dank seiner Leidenschaft fürchtete er sich nun weniger als früher vor dem auf jedem Erfolgsgipfel drohenden Absturz. Und darunter verstand er nicht den Verlust seines Ruhms, sondern den der Freude, eine Arbeit ausführen zu dürfen, für die er so augenfällig begabt war. Da es in seinem Leben nun mehr gab als Arbeit, bedrückte ihn eine andere Angst – die, daß er Nina Gluckstein verlieren könnte – mehr als die Angst vor Mißerfolg: Sie war jetzt sein größtes Glück; auch sein größtes Unglück konnte daher nur von ihr kommen. Und natürlich machte ihn diese Gleichgültigkeit gegenüber seinem beruflichen Schicksal, der Mangel an Vorsicht, der ihm dadurch ermöglicht war, nur um so erfolgreicher. Denn in der Regel bekommt man etwas ja immer nur dann, wenn man es nicht zu sehr braucht. Das Pferd eines Reichen wird stets ein wenig früher durchs Ziel laufen als das eines Bankrotteurs.
In einem einzigen Monat schrieb er damals gleich vier seiner erfolgreichsten Titel: *Vida, Los pibes de Quilmes, Palabras sucias* und *El cielo de las tías de Marcel.* Die Komposition *Que Dios no me salve* entstand kurz darauf. Nach Meinung der Fachleute hat er mit dieser fast einstündigen «Blasphemie für sechs Bandoneone und eine Stimme» alle Grenzen gesprengt und die Technik des Tangoschreibens grundlegend verändert.

51

Allerdings dauerte es lange, bis die Kritiker sich zu dieser Ansicht durchgerungen hatten. Santelmo war ein Liebling der Massen, und was vielen gefällt, kann nicht wirklich gut sein. Den Geschmack der niederen Stände erklären sie erst dann zu Kunst, wenn diese längst in der Wolke ihrer nächsten Geschmacklosigkeit davonschweben.
Ich hätte hier gern ein paar Zitate aus jenen vernichtenden ersten Pressestimmen über dieses wohl grandioseste Werk Santelmos für Sie eingefügt, weil ich glaube, daß Sie das amüsieren könnte. Doch die Unordnung auf meinem Schreibtisch wird mit zunehmendem Alter leider immer nur größer. Ich weiß, daß ich das alles irgendwo gesammelt habe, doch ich finde es nicht mehr.
Statt dessen überall meine Zettel mit hingekritzelten Kalkulationen wie diesen:

Umarmungen

Ich: In unserer letzten Nacht haben wir uns
5mal geliebt.
Wenn wir uns in diesen 21 Jahren auch nur
5mal im Jahr getroffen und uns jeweils 5mal
geliebt hätten, so hat sein Tod uns bisher
105 Liebesnächte à 5 Liebesakte gekostet.
Mir fehlen also, grob gerechnet, 525 Umarmungen.

Nina Gluckstein: Wenn man davon ausgeht, daß Chucho Santelmo wegen seiner vielen Konzertverpflichtungen durchschnittlich nur 200 Nächte im Jahr mit ihr verbringen konnte und er sie pro Nacht auch nur 2mal liebte, hat sie durch diesen absurden Tod in einem einzigen Kalenderjahr 400 seiner Umarmungen versäumt.

Im Gegensatz zu mir muß aber Nina Gluckstein nicht dauernd an dieses Versäumnis denken.
Oder hier eine andere Berechnung:

KINDER

Ich: Falls wir 2 Kinder miteinander gezeugt hätten und jedes dieser Kinder hätte dann später wieder 2 Kinder gezeugt usw., so hätte es – wenn man davon ausgeht, daß eine Generation 25 Jahre dauert – schon 21 Generationen später als Folge unserer Liebe hier 8 388 606 Personen gegeben. Das ist etwa soviel wie die heutige Bevölkerung von Buenos Aires.

Nina Gluckstein: Falls Santelmo mit ihr 2 Kinder gezeugt hätte und jedes dieser Kinder hätte wieder 2 Kinder gezeugt usw., so hätte es hier in 575 Jahren 33 554 430 Personen gegeben. Das ist etwa soviel wie die heutige Bevölkerung Argentiniens. Und schon in 1000 Jahren wären es 4 398 046 511 104 Menschen gewesen, und die

Erde wäre unter den Folgen ihrer Leidenschaft zusammengebrochen!

Ich weiß, warum ich keine Kinder hatte, doch warum hatte Nina Gluckstein keine?
Ein Zettel, den ich erst letzte Woche schrieb:

TRÄUME

Ich: Während ich zu seinen Lebzeiten niemals von ihm träumte, tue ich es seit seinem Tod jede Nacht.
In diesen Träumen liege ich in seinen Armen, und meine Empfindung ist so wirklich, daß ich auch nach dem Erwachen noch ein paar Sekunden daran glaube.
Er hat mir also in 21 Jahren 7665 geträumte Umarmungen geschenkt.

Doch natürlich hätte ich sie alle für eine einzige echte Umarmung hergegeben.

52

Nina Gluckstein.
Während sie sich zurückhielt, überhäufte Santelmo sie mit Geschenken, erfüllte ihr jeden Wunsch. Nicht daß sie sich wirklich noch irgend etwas wünschte (sie hatte ja ihn). Doch sie war stets bemüht, sich Wünsche auszudenken, die er ihr erfüllen konnte, damit abgesehen von seinem Leben, das er jetzt um ihretwillen lebte, auch sein Erfolg und sein Reichtum einen über ihn selbst hinausgehenden Sinn erhielt.
So kamen sie zum Beispiel einmal gegen vier Uhr morgens – nur nachts konnten sie unbelästigt durch die Straßen gehen – in der Cabello an einem kleinen efeubewachsenen Stadtpalais vorüber, und sie sagte, daß dies die Art Haus sei, in dem sie gern wohnen würde. Und schon eine Woche später gab er ihr den Schlüssel zu eben diesem Haus, in dem sie dann bis zu ihrem gemeinsamen Ende lebten.
Die übrigen Geschenke jenes Jahres könnte man beinah als Kettenreaktion bezeichnen.
Da waren

a) die drei Jensens (330 000 US-Dollar), die er ihr für die Eingangshalle jenes Hauses kaufte;
b) das kleine Flugzeug (176 700 US-Dollar), das er ihr schenkte, damit sie die Güter, die sie inzwischen in Patagonien und im Chaco besaß, leichter erreichen konnte;
c) die Insel (2 350 000 US-Dollar).

Denn als sie an einem Tag im September in jener Maschine die brasilianische Küste entlanggeflogen waren, hatte ihr kurz vor Santos der Anblick einer fast kreisrunden, weißen, im Zentrum palmenbestandenen Insel Rufe des Entzückens entlockt. Bei einem Essen, das er am 24. Dezember in dem von Blüten duftenden Garten des Stadthauses für sie gab – es war ihr 30. Geburtstag – lag dann die Besitzurkunde neben ihrem Gedeck.

Ich weiß, daß es auch den gutwilligsten unter Ihnen schwerfallen muß, diese Seite von Nina Glucksteins Verhalten zu begreifen. Hätte sie nicht wenigstens einen Teil von Santelmos Großzügigkeit zugunsten der vielen Bedürftigen unseres Landes umleiten können? werden Sie zum Beispiel fragen.
Auch ich kann hier wieder nur mit Mutmaßungen aufwarten. Doch ich nehme an, daß Nina Gluckstein nicht wirklich wußte, daß es außer ihr und diesem Mann noch andere Menschen gab. Wenn Sie und ich und die gesamte Erdbevölkerung dank eines Mirakels über Nacht verschwunden wären: solange er zurückblieb, hätte sich ihr Universum kaum verändert. Doch vielleicht lüge ich mir hier wirklich etwas vor und schließe wieder einmal zu schnell von mir auf diese Fremde. Denn als mein Geliebter damals starb, war auch der Rest der Welt für viele Jahre für mich ausgelöscht.
Er, der mir keine Geschenke machte. Auch hier war er das Gegenteil von Chucho Santelmo.

53

Doch das hatte wohl vor allem mit dem mehr als spartanischen Status zu tun, den er sich selber zugestand. Auch als arrivierter Politiker lebte er noch wie ein Angehöriger der Schicht, aus der er gekommen war. So bewohnte er zum Beispiel bis zuletzt die bescheiden möblierte Wohnung, die er zu Beginn unserer Liebe hatte: Tische und Stühle voller Akten, im andern Zimmer das – meist ungemachte – Bett. Das einzige Polstermöbel stand auf dem Flur, wo es dem Wachposten als Sitzgelegenheit diente. Als ein Gegner ihn während seiner Ministerzeit der Korruption zu verdächtigen suchte, soll es im Parlament ein Gelächter gegeben haben.
Aber einmal, als ich in einem Restaurant an der Costanera seine Armbanduhr bewunderte, zog er sie aus und schenkte sie mir. Es ist jene auf Punkt fünf stehende Herrenuhr, die zu so verschrobenen intellektuellen Spekulationen Anlaß gab, weil ich sie nun seit einundzwanzig Jahren trage. (Er ist um fünf Uhr früh gestorben.) Doch dann war es so bedrückend, sich diesen von Terminen gehetzten Mann ohne Uhr vorzustellen, daß ich gleich nach seinem Abflug eine doppelt so schöne kaufte und in einem Eilbrief («Ich möchte Dir Deine Zeit nicht stehlen.») nachschickte. Und falls ich je vor irgendeinem Jüngsten Gericht meine Sünden zu beichten hätte, würde diese an erster Stelle stehen.
Da denke ich schon lieber an den Nachmittag, an dem

ich ihm «diese verdammten imaginären Zahlen bescherte», wie er danach einmal sagte. Wir hatten uns in einem Hotel an der uruguayischen Küste getroffen, doch es regnete unentwegt, und irgendwann kamen wir dann auf dieses Thema. Obwohl er eigentlich nur die Grundschule besucht hatte – er schloß sich schon als Halbwüchsiger den Aufständischen an und war dann nach einer Amnestie der Regierung direkt in die Politik gegangen –, begriff er schneller als seinerzeit die meisten meiner Studenten. Erst später kam mir zu Bewußtsein, daß er von dem Rausch, der mich bei der Entdeckung dieses Schatzes überfallen hatte, diesem herrlichen Schwindelgefühl, nichts gespürt zu haben schien. Man hätte glauben können, daß es nichts Selbstverständlicheres gab als die imaginären Zahlen!

Und leider steht auch fest, daß er seine neuen Kenntnisse schon bald danach mißbrauchte (ich merkte es erst nach seinem Tod, als man Tonaufzeichnungen seiner Reden veröffentlichte). Er war damals in der Opposition und hat der Regierungspartei vorgeworfen, bei ihrem Haushaltsplan «in den imaginären Zahlen zu schwelgen». Und zur Untermauerung brachte er ein paar Rechenexempel, die so haarsträubend manipuliert waren, daß mir noch heute davon übel wird! Es gab wütende Zwischenrufe, auf die er mit einer seiner berüchtigten Fluchtiraden antwortete, darauf einen Verweis, den er mit einer Anekdote dermaßen auf den Kopf stellte, daß alles zu lachen begann, am lautesten natürlich er selbst.

Ein großer Anekdotenerzähler, ja, das war er. Und ein großer Flucher. Und ein Demagoge war er leider auch. Er war so vieles! Als wir jenes letzte Mal beisammen waren, kurz nach seinem vierundsechzigsten Geburtstag, hatte er noch immer die ungeduldigen Bewegungen eines sehr jungen Mannes. Nie habe ich ihn auf einen Aufzug warten sehen, und seine Krawatten (er besaß zuletzt fünf Stück, und drei davon kamen von mir) band er sich stets im Gehen.

Nein, Engherzigkeit war nicht daran schuld, daß er mir kaum etwas schenkte. Doch wenn, hätte ich sie hier überhaupt zu diagnostizieren vermocht? Keiner liebt jemand «mit allen seinen Schwächen» – das ist ein humanitärer Traum aus dem Reich der Nächstenliebe. In der andern, der eigentlichen Welt, wird man jedes Minus sofort in ein Plus verwandeln, denn nur so bleibt der selbsterfundene Gott auf dem Podest. Bei einem Opportunisten wird die Liebende den Realitätssinn bewundern, bei einem Räuber den Mut, bei einem Mörder das Gefühl für Gerechtigkeit.

In den ersten Jahren, als ich noch versuchte, von dieser Leidenschaft loszukommen – damals glaubte ich noch, daß Freiheit glücklich macht! –, habe ich ihn mir zuweilen in anderen, weniger schmeichelhaften Rollen vorgestellt. Ich sah ihn dann etwa in einem Haus mit großen Fensterscheiben, an den Wänden kühle, teure Bilder, in den Schränken Dutzende von Maßanzügen. Doch noch während ich mir das ausmalte, wurde es zu einer Maskerade, die er, der Rebell, um irgendeiner unendlich wichtigen Sache willen ertrug. Nein, noch nie ist ein Mann so geliebt worden wie dieser.

55

Nina Gluckstein.
Kehren wir also zu ihr und ihren kostspieligen Wünschen zurück. Einmal wünschte sie sich ein Haus mit einer Terrasse, von der man weit in die Ebene blicken konnte, und Santelmo kaufte ein Stück Land in der Provinz Buenos Aires und ließ darauf nach ihren Entwürfen ein fünfstöckiges Wohnhaus aus Stahl und Glas errichten. Es handelt sich hier um jenes bereits erwähnte Gebäude, an dem, zumindest nach meiner Ansicht, so vorbildlich die Regeln des Goldenen Schnitts berücksichtigt und «dem Auge gefällige Verhältnisse» geschaffen sind. Und das später, zur Zeit des Kesseltreibens, als «der Pampawolkenkratzer» in die Annalen ging.
Wie mag es gewesen sein, als sie in dem auf der Außenseite entlanggleitenden, gläsernen Aufzug hinauffuhren und zum erstenmal auf die Terrasse traten? Mußten sie nicht zurückschrecken vor dem, was sie sahen? Ich, zum Beispiel, bin einmal in der

gleichen Gegend auf einem Getreidesilo gestanden: Nie empfand ich die Maßlosigkeit dieses Landes so eindringlich wie an jenem Tag! Mir kam damals der Gedanke, daß vielleicht dies der Grund ist, weshalb man bei uns soviel absoluter zu lieben scheint als anderswo. Und daß vielleicht Gottlosigkeit eine den Gebirgsvölkern vorbehaltene Tugend ist, weil in Gegenden, wo jeder Gang, jeder Blick auf Grenzen stößt, Freiheit weniger schwer wiegen muß als hier.
Sagen wir, daß Nina Gluckstein ihren Mann bei jenem ersten Besuch dort oben fragte, ob unsere Musik wegen dieser Grenzenlosigkeit so anders sei.
«Wie anders?»
«Haltlos, zerrissen, was weiß ich? Kommt das, weil man in jeder Richtung suchen und in keiner etwas finden kann?»
Santelmo legte den Arm um sie: «Ich habe immerhin dich gefunden!»
Sie blieben lange so stehen, ein Mann und eine Frau auf ihrer Insel. Wieder einmal dachte Nina Gluckstein, wie perfekt ihre beiden Lieben sich ergänzten. Er fand seinen Halt bei ihr, und sie den ihren darin, daß er ihn bei ihr suchte. Er kämpfte um die Nähe, sie um die Distanz.
Sie löste sich aus seinem Arm und ging auf die andere Seite, wo jetzt die Sonne unterging. Ein ferner Beobachter mußte wohl die Hand vor die Augen halten, um von dem Glaspalast nicht geblendet zu werden. Doch sie fragte sich, ob in dieser verlassenen Gegend überhaupt jemand lebte.

So genoß sie denn bald tatsächlich jeden erdenkbaren Luxus (das heißt jeden, den sie sich ausdenken konnte), außer eben diesem: Sie konnte ihm nie gestehen, wie absolut ihre Liebe zu ihm war. Wenn er sie fragte, entgegnete sie: «Aber natürlich liebe ich dich.» Doch sie sagte es leichthin und mit jenem Lächeln, das ihm stets ein wenig vom Himmel und der Hölle des Zweifels ließ.

Nur nachts, wenn er sie wieder und wieder nahm und sie sich wieder und wieder hingab, flüsterte sie zuweilen einen Liebesschwur. Jedenfalls könnte ich es mir vorstellen. Doch eigentlich war das ungefährlich, weil Santelmo dann auch denken konnte, daß solche in Ekstase gestammelten Ergebenheitsadressen vielleicht schon im Morgengrauen nicht mehr galten, und daß hier lediglich das Prinzip Frau dem Prinzip Mann erlag.

Mehr noch. Wie der Wirt in seinem Tango *El otro* fragte er sich in solchen Augenblicken wohl voller Eifersucht, ob sie dieselben Geständnisse auch jedem andern machen würde, der ihr soviel Lust verschaffte. Daß sie nur in seinen Armen soviel Lust empfand, weil sie nur ihn so sehr begehrte, hätte sie ihm ja im Interesse *seines* Begehrens ohnehin nicht gestehen können.

57

So vergingen die Jahre, und noch immer hielt ihre Leidenschaft an. Ein wahrer Siegeszug des *Tango Nuevo* hatte begonnen. Nicht zuletzt dank Santelmo hatte die unbeschreibliche Musik unseres Landes mehr und mehr Bewunderung gefunden. Sogar in Europa begann man langsam zu begreifen, daß ein Tango nicht unbedingt getanzt werden muß. In den übrigen Ländern Lateinamerikas war man unserer Musik ohnehin mit Riesenschritten entgegengeeilt: Je mehr die Bevölkerung ihrer Kirchenfrömmigkeit entrann, je freier (haltloser) sie sich fühlte, desto mehr erkannte sie sich in der Freiheit (Haltlosigkeit) dieser so unberechenbaren Musik.
Man kann nicht behaupten, daß die Leute den Tango zu *lieben* begannen. Er war der Spiegel ihrer Ängste, und nur solange einer wie Santelmo auf dem Podium stand, konnten sie diese genießen: Er führte sie zwar zum Abgrund, doch er hielt sie dabei fest! Wenn sie ihre Freiheit zu vergessen suchten, verlangten sie nach wie vor nach den strengen Harmonien der klassischen Komponisten oder den zuverlässigen Rhythmen der gängigeren Popmusik. Denn dort wurde ihren Gefühlen Gehorsam abverlangt und ihrer Phantasie die stets ersehnten Grenzen gesetzt.
Natürlich hätte das keiner zugegeben. Daß wir nichts so sehr fürchten wie ausgerechnet die Ungebundenheit, nach der wir dauernd schreien, ist in diesem nun zu Ende gehenden Jahrhundert der Freiheitskämpfe

das wohl letzte noch intakte Tabu. Obwohl ein offenes Bekenntnis zu dieser so menschlichen Schwäche die einzig taugliche Strategie gegen die blutigen Gemetzel wäre, in die wir uns alle Jahre wieder von unseren jeweiligen Ideologen führen lassen, würden wir jeden steinigen, der uns in diesem Punkt die Wahrheit sagt.

Ein halbes Jahrtausend nach seinem Tod ist das vom jungen Étienne de La Boétie entdeckte «Monstrum an Laster» gefährlicher denn je. Wem es nicht gelingt, seine Freiheit einem Exklusivgott zu schenken und seine Religion im Dienst am Geliebten oder einem Schutzbedürftigen zu finden (oder seine Freiheitsangst mit Arbeit und Drogen zu betäuben), der wird rastlos von einem Ziel zum nächsten hetzen und schließlich seine Sehnsucht nach «freiwilliger Knechtschaft» bei einer der großen Religionen stillen: Kirchen, Sekten, Parteien, Ideologien jeglicher Färbung. Und je mehr Personen sich dort an seinem Gottesdienst beteiligen, desto verheerender wird die Wirkung sein, die für die Unbeteiligten von den Befehlen seines Gottes ausgeht.

Nina Gluckstein.
Jedenfalls reiste Santelmo nun viel, und da sie ihn auf seinen Tourneen nicht begleitete – er hätte sonst denken können, sie *brauche* ihn –, war sie oft allein. Während er, der seine Arbeit hatte, also keineswegs ständig an sie dachte, war sie in ihren Gedanken eigentlich immer bei ihm. Sie bemühte sich nicht einmal, andere Interessen zu entwickeln. Ihr Interesse war er, und interessant war einzig, was dazu beitragen konnte, daß sie ihm dies verheimlichte. Nur so ist auch ihre Leidenschaft fürs Schachspiel zu erklären: Sie war fingiert.
In Santelmos Abwesenheit hörte sie Musik – meist seine –, besuchte Kunstgalerien, bestellte sich Kleider, spielte gegen ihren Schachcomputer und beschränkte sich im übrigen darauf, ihren Körper wie einen Gegenstand auf seine Rückkehr und seine Lust vorzubereiten. Niemals wäre er auf die Idee gekommen, daß sie sogar die Minuten bis zu seiner Ankunft zählte. Zuweilen richtete sie sich eine Stunde vorher so, als sei sie von einer Besorgung in der Stadt zurückgekehrt: Tailleur, Stöckelschuhe, starkes Make-up. Dann setzte sie sich mit einem Buch in einen Fauteuil und tat, als sei sie bei der Lektüre eingeschlafen. Und erst unter seiner Berührung – wenn er ihr etwa zärtlich das Buch aus den Händen nahm oder sanft ihren Haarknoten löste – spielte sie die Erwachende.

59

Die übrigen Männer bemerkte sie nicht einmal. Selbstverständlich hatte ihm sein Erfolg auch Feinde gebracht, die natürlich ahnten, daß er durch nichts gezielter zu verletzen wäre als durch ihre Untreue. Und obwohl sie nicht im herkömmlichen Sinn schön war, dachten viele seiner Freunde, sie müsse es sein, da ja er sie begehrte, und begehrten sie dann ihrerseits.

So stand sie stets im Mittelpunkt einer wie auch immer begründeten männlichen Aufmerksamkeit. Doch falls sie je einen andern Mann zur Kenntnis nahm, geschah es zum Schein und ausschließlich in seiner Anwesenheit. Ein Mathematiker würde sagen, daß Nina Glucksteins Liebe zu Santelmo ein Kontinuum war: *Zwischen den Punkten einer Geraden kann man nicht hindurchschlüpfen,* lautet die hier zuständige Regel. – Wenn sie allein war, wollte sie jedenfalls lieber an ihn denken.

Da er das nicht wissen konnte, war er während seiner Reisen nie ganz ruhig. Es gab keinen Ort der Welt, von dem er sie nachts nicht wenigstens einmal anrief. Bei einer Gelegenheit ging er sogar so weit, sie zu fragen, ob sie es nicht bedauere, daß ausgerechnet sie (die doch jeden haben konnte) einen zum Mann hatte, der nichts weiter als ein Tangosänger war.

«Nein», sagte sie, «ich bedauere es nicht.»

«Aber du könntest jeden haben. Einen Arzt zum Beispiel, was weiß ich?»

Sie lachte: «Ich bin nicht krank.»
«Einen Universitätsprofessor, einen Richter . . .»
«Um Himmels willen!»
«Was kannst du nur an einem Tangosänger finden?»
Sie sagte nicht, daß er auf der ganzen weiten Welt der einzige sei, der sie interessiere. Sie wiederholte lediglich, daß sie es nicht bedauere.

Als er sie dann einmal betrog, auf einer Konzertreise durch ein Nachbarland – es stand schon am folgenden Tag auf den Titelseiten der Boulevardblätter beider Länder –, verzieh sie ihm so rasch und herzlich, daß er erschrak. Wenn er ihr von da an treu blieb, so nicht aus Rücksicht auf ihre Gefühle, nicht einmal so sehr aus Furcht vor Vergeltung (die er freilich schwer verwunden hätte). Seine noch größere Angst war, seine Untreue könnte ihr gleichgültig sein, denn diese Gewißheit hätte er nicht ertragen.

Das war natürlich absurd: Ihre Eifersucht in jenen Wochen war verheerend. Doch *ihre* größte Angst war nicht, daß er eine andere Frau erobern könnte, sondern daß er eine träfe, die ihm widerstand. Diese Gefahr war aus ihrer Sicht allerdings gering – aus ihrer Sicht war er ja tatsächlich unwiderstehlich.

Anmerkung: Diese Selbstverständlichkeit, mit der Nina Gluckstein voraussetzte, daß keine Frau Santelmo widerstehen könne, zeigt sie nicht wieder einmal, daß zumindest gewiße Erkenntnisse aus der Mathematik auch im nicht-mathematischen Bereich ihre Gültigkeit haben? Ich muß dabei an Plato denken. Nach ihm sind die Ideen, die wir uns von den Dingen machen, «wirklicher» als die Dinge selbst. Hier war das Ding ein Mann, und Nina Gluckstein hätte jede Frau, die behauptete, sich nicht in ihn verlieben zu können, entweder für verlogen oder geisteskrank gehalten. Und auch die sogenannte

Eulersche Funktion, die besagt, daß man nicht von einer beliebigen Zahl auf unendlich schließen kann, ist hierfür ein Exempel. Angenommen, es wäre möglich, Personen in einem imaginären Raum alterslos zusammenzubringen: Ich zum Beispiel, die ich Santelmo als Künstler verehre und durchaus imstande bin, sowohl seinen eigenartigen Charme als auch seine etwas ausgefallene Art von Schönheit zu erkennen, wäre ihm mit Sicherheit nicht verfallen. Und nicht nur, weil ich schon einem andern verfallen war – einem Mann, den beispielsweise Nina Gluckstein wohl nicht einmal wahrgenommen hätte.
Ob er Nina Gluckstein widerstanden hätte, will ich hier lieber nicht bedenken – auch meine Eifersucht hat leider mit seinem Tod nicht aufgehört. Nicht einmal eine Tote würde ich in meiner Vorstellung sich diesem Toten nähern lassen. Schon gar nicht Nina Gluckstein!

61

Gerade diese Treue wurde ihr und Santelmo dann zum Verhängnis. In der Ausschließlichkeit ihrer Leidenschaft lag auch schon der Keim für deren Ende – wie ein Dinosaurier mußte ihre Liebe an der eigenen Größe zugrunde gehen. Doch falls man sie gefragt hätte, was sie vorzögen, eine Begegnung wie diese oder ein langes Leben in Mittelmaß, sie hätten immer wieder sich und ihre Liebe gewählt.

Die Hintergründe dieser Wende sind leicht zu erklären: Seine Musik hatte Santelmo zum Idol einer Generation gemacht – vielen, vor allem jüngeren Menschen, war er regelrecht zum Gott geworden. Daß dieser Gott nun schon seit einem Jahrzehnt ein und dieselbe Frau vergötterte, deren Anbetungswürdigkeit sich ihnen, den Jüngern, durch nichts offenbarte (sie war ja nicht einmal schön!), ließ ihn schwächer erscheinen, als es ihren Idealisierungsgelüsten dienlich war. Ein Idol, das ein anderes braucht, wirkt wenig erhaben.

Sie hätten nun auf ihn und seine Lieder verzichten, ihm die Gebete entziehen und ihn der Anonymität preisgeben können. Doch dazu war sein Auftreten zu spektakulär, seine Musik zu eigenwillig, waren sie, die Fans, zu süchtig nach Unterwerfung. Also beschlossen sie, ihm seine Kraft zurückzugeben, indem sie ihn von ihr – seiner Schwäche – befreiten: Denn nur wenn er seine Freiheit auf sich nahm, konnten sie die ihre bei ihm abliefern. Nur wenn er niemand hörig war, durften sie es bleiben.

Der Aufruf zur Menschenjagd erfolgte durch das konventionelle Signal. Eine Illustrierte – in diesem Fall das Massenblatt *Vos* – die die neue Gereiztheit seiner millionenfachen Anhängerschaft erspürt hatte, brachte auf der Titelseite ihrer Ausgabe vom 17. August ein wenig vorteilhaftes Porträt Nina Glucksteins (sie trug ihre dunklen Gläser und wirkte noch abweisender als gewöhnlich) und darunter die Frage: *Wer ist diese Frau?* In dem dazugehörigen Text wurde sie dann erstmals brutal angegriffen. Man nannte sie nicht mehr ernst, sondern kalt, nicht mehr faszinierend, sondern häßlich, nicht mehr geheimnisvoll, sondern gierig und berechnend.
Eine lange Liste ihres Besitzes wurde erstellt: die Güter, Häuser, Bilder und Autos, die er ihr im Laufe der Jahre geschenkt hatte, das Flugzeug, die Insel, der «Pampawolkenkratzer». Mit Hilfe von Schnüfflern, darunter die bereits erwähnte Sekretärin Alfonsina Menéndez, wurden ihre Ausgaben für Schmuck, Kleider, Dienstboten errechnet. Und da der Überraschungsangriff zum großen Geschäft wurde, schwenkten die übrigen Blätter in kürzester Zeit auf die neue Linie ein und brachten täglich neue Beweise ihrer Raffgier und ihrer Unwürdigkeit, einen Mann wie Santelmo zu haben.
Auch wenn es dabei nicht zu offenen antisemitischen Ausfälligkeiten kam, wurde doch in vielen Kommentaren erwähnt, daß Nina Gluckstein eben *anders* sei.

Obwohl die Glucksteins, ursprünglich aus Wien, bereits in der dritten Generation in Argentinien ansässig waren, wurde sie zuweilen als Fremde, sogar als Ausländerin bezeichnet. Nie wäre man auf die Idee gekommen, Santelmo, dessen Vorfahren etwa zur gleichen Zeit aus Spanien und Italien eingewandert waren, das Recht auf seine Heimat abzusprechen.

Und natürlich wurden auch immer wieder Mutmaßungen über den «wahren Charakter» der Rothaarigen angestellt.

63

Nina Gluckstein.
Wenn Santelmo sie weniger geliebt hätte, wäre all dies an ihnen vorübergegangen. Doch so reagierte er auf die Herausforderung so falsch wie nur möglich. Während eines mehrstündigen Fernsehauftritts, den der Sender ATC auf seinen Wunsch improvisierte, sang er ausschließlich von ihr und seiner Liebe. Und dann schrieb er innerhalb von Tagen noch einmal drei Titel, in denen er sie mehr denn je verherrlichte. Und da diese in äußerster Kampfbereitschaft komponierten Stücke – die Tangos *Lo tenés todo, Decíme* und *Río marrón* – zum Inspiriertesten gehören, das er je geschrieben hat, und er sie aus eben diesem Grund auch herausfordernder vortrug als alles zuvor, war es für seine Gefolgschaft noch schwerer, ihm die Demutsgebärden zu verweigern. Und die Wut auf sie, diesen so glanzlosen Stern ihres Stars, wuchs noch an.

Und eines Tages kam tatsächlich das Ende. Santelmo sang in einem Fußballstadion vor mehr als zwanzigtausend Menschen, so vielen wie nie zuvor, denn das Schauspiel seines einsamen Kampfes zog inzwischen auch Leute an, die seine Musik sonst gleichgültig ließ. Er muß die Gefahr gespürt haben, sobald er die Bühne betrat. Seine Musiker sagten später, daß er das Programm in allerletzter Sekunde änderte und entgegen seiner ursprünglichen Absicht zunächst mehrere Titel aus seiner frühen Zeit sang. Darunter so beliebte wie *Aquella tarde en Belgrano,* den Tango, mit dem er berühmt wurde. Sogar die Komposition eines Kollegen trug er an diesem Abend vor, was sonst selten geschah: *Balada para mi muerte,* Astor Piazzollas wundervolles Lied vom Sterben. Viele haben später in dieser seltsamen Wahl einen Beweis von Santelmos übernatürlichen Fähigkeiten gesehen: Wollte er seinem Publikum zu verstehen geben, daß er genau wußte, was an diesem Abend mit ihm geschehen würde? So mancher Journalist rückte ihn in seinem Kommentar in die Nähe von Jesus Christus, der ja ebenfalls den Jüngern seinen Tod angekündigt hatte.

Jedenfalls nahm das Schicksal auch hier seinen Lauf. Der Jubel war vergleichsweise schwach – man war an diesem Abend für eine andere Sensation gekommen, alles schien den Atem anzuhalten.

So trat denn Santelmo schließlich ans Mikrophon, die

Schultern wie üblich unter einer unsichtbaren Last gebeugt, den Kopf in der Haltung eines angriffsbereiten Kondors, und sagte mit spöttischer Stimme: «Der folgende Titel heißt *Nina Gluckstein*. Ich singe ihn zu Ehren meiner Frau.» Und dann, kaum daß er – die Zigarette zwischen den Fingern – den Musikern sein Zeichen gegeben und sein Instrument aufgenommen hatte, schrie einer in die Stille hinein: «Deine Frau ist eine Hure!», und ein paar aus dem Publikum begannen zu lachen.

65

Es gelang ihm noch, diesen ersten Schlag abzufangen, und als das Gelächter versickert war, sagte er es noch einmal: «Den nächsten Titel singe ich zu Ehren meiner Frau.» Diesmal kam die Antwort aus vielen tausend Kehlen: «Deine Frau ist eine Hure!» Und auch das Gelächter, das nun folgte, war größer als beim erstenmal. Doch als er dann das Instrument zur Seite legte, wurde es augenblicklich still.

66

Er drückte seine Zigarette aus (das halbe Land sah ihm dabei zu; wie erwähnt wurde das Konzert im Fernsehen übertragen), stieg langsam vom Podium hinunter, zog an der Rampe sein Messer aus dem Gürtel und ging mit offener Waffe geradewegs in die Menschenmassen hinein. Und als die Panik abgeebbt und die Schreie verstummt waren, lag er mit vielen andern blutüberströmt am Boden.

67

Nina Gluckstein.

Eine aufgebrachte, von Polizeikordons zurückgehaltene Menge stand vor dem Stadion, als sie eintraf. Sie schritt ohne Scheu hindurch: Es gab ja nichts mehr zu fürchten. Die Schimpfworte, die man ihr zurief, hat sie sicher nicht wahrgenommen. Die immer lauteren, immer haßerfüllteren Sprechchöre, in denen sich Santelmos Anhänger nach ihrer Ankunft draußen zusammenfanden, hat sie wohl nicht einmal gehört. Auch nicht die Sirenen der stets noch einmal wiederkehrenden Krankenwagen. Jenseits der grellbeleuchteten Arena waren die Straßen blau von ihrem Licht. Sie trug wie üblich dunkle Gläser, und ihr rotes Haar war wie üblich im Nacken zusammengerafft. Doch in einem Tango, den später ein anderer komponierte, hieß es, man habe sie an jenem letzten Tag zum ersten Mal lächeln sehen.

68

Man brachte sie in den Raum, in dem man ihn vorläufig aufgebahrt hatte – ein kleines weißes Zimmer auf der Sanitätsstation –, und erst als sie die Tür hinter sich verschlossen hatte und mit Santelmo allein war, nahm sie die Sonnenbrille ab. Sie schlug das Tuch zurück, das seinen geschundenen Körper bedeckte – das Amulett hatte ihn *nicht* beschützt –, und erklärte Santelmo zum zweiten und letzten Mal ihre Liebe. Sie tat es langsam, ruhig, Punkt für Punkt. Sagte zum Beispiel auch, daß ihre Leidenschaft in diesen zehn Jahren von Tag zu Tag immer nur noch größer geworden sei: Welche Enttäuschung hätte ihm diese Gewißheit jetzt noch bereiten können? Dann ergriff sie die silberne Waffe, die er ihr geschenkt hatte, legte sich zu ihm und folgte ihm in den Tod.
Das war keine Heldentat: Die Welt der Lebenden war nun für sie eine leere Menge (ø), während das Reich der Toten durch den Tod ihres Geliebten eine unend-

liche Größe (∞) geworden war. Deshalb hat sie wohl auch in jener allerletzten Liebeserklärung nicht eigens noch erwähnt, daß sie ohne Santelmo nicht leben könne. Vom mathematischen Standpunkt gab es keine andere Lösung, und außerdem hatte sie es ihm schon damals, an jenem 1. Januar, um ein Uhr morgens, mitgeteilt.

69

Sagen wir also, daß dies alles so war. Sagen wir, daß es eine Formel gibt, nach der die großen Leidenschaften funktionieren, und daß Nina Gluckstein, die Frau des Tangosängers, diese kannte. Daß sie selbstlos genug war, sich ihrem Geliebten nicht zu schenken – nicht *ganz*. Daß sie weise genug war, ihren Gott nicht anzubeten. Daß sie durch ihren Verzicht auf Liebesschwüre dem Mann, den sie so maßlos liebte, das Wunder einer maßlos großen Liebe ermöglicht hat. Daß sie dank der Anwendung der Formel Santelmo glücklich machte und sich selbst.
Und falls Sie mir erlauben, noch einen kleinen Schritt weiterzugehen: Sagen wir, daß die Tatsache, daß ich es war, die Nina Glucksteins Geheimnis entdeckte (müßte ich sagen *erfand?*), vielleicht doch kein Zufall ist. Seltsamer Gedanke, der mich beim Aufzeichnen

dieser Geschichte immer wieder einmal überkam: Da ich jetzt zu wissen glaube, wie man liebt, könnte es da nicht auch einen Ort geben, wo ich meine Hypothese beweisen darf? Wird eine so alte Frau für nichts und wieder nichts erleuchtet?

Ich weiß, daß man gerade von Mathematikern solche Gedanken nicht erwartet. Aber das ist nur das übliche Vorurteil. Hat nicht gerade die Mathematik bewiesen, daß auch das Unvorstellbare in irgendeiner anderen Dimension mitunter dennoch möglich ist? Wieder einmal kommen mir als erstes die imaginären Zahlen in den Sinn. Eine absurde Sache, wie es zunächst schien. Doch dann war es keine Absurdität, sondern lediglich eine Paradoxie, das heißt, eine richtige Aussage, die zu Anfang für falsch gehalten wurde. Unsere Reisen zu Sternen und Trabanten beweisen uns Tag für Tag, wie wirklich diese dank der Phantasie des Mathematikers entdeckte Zahlenwelt ist.

Und warum sollte ich in diesen letzten Tagen, Wochen, Monaten, die mir jetzt noch bleiben, nicht ein wenig großzügig zu mir sein? Pythagoras hat auf die Unsterblichkeit der Seele gesetzt – ganz offensichtlich, weil er diesen Glauben brauchte. Plato sprach davon, daß Gott «immer geometrisch verfährt», und sah in der Geometrie den Beweis für dessen Allmacht. Für Leibniz war das «Aktual-Unendliche» ein Kunstgriff, mit dem die Natur die Vollkommenheit des Schöpfers verdeutlicht. Weshalb sollte also ich, die Elevin, mir nicht den Gedanken an eine Welt gestatten, in der ich den einzigen Mann, den ich je liebte, vielleicht doch noch einmal sehen werde? Und sei es aus dem einfachen Grund, daß ich ohne diesen Gedanken nicht leben und nicht sterben kann?

Keine Angst, die Skeptikerin ist nicht zu Kreuz gekrochen: Ich sage *vielleicht*. Wenn ich sicher wäre, jenem Mann in einem andern Leben noch einmal zu begegnen, wäre ich längst nicht mehr von dieser Welt. Doch angenommen, ich läge dann in seinen Armen, sagen wir auf einer Wiese, wo die Blumen größer und herrlicher sind als anderswo, oder im Schatten irgendeines Pinienhains: Würde ich nicht sofort wieder die gleichen Fehler machen? Würde ich ihm nicht als erstes sagen, wie *einsam* diese vielen Jahre waren und wie ich mich nach dieser Umarmung *sehnte?*

Selbst nach allem, was ich nun zu wissen glaube: Hätte ich, Roberta Gómez Dawson, je die Größe Nina Glucksteins? *Kann* ein Liebender sie haben? Kann man zugleich kühl und leidenschaftlich, beherrscht und verlangend, mächtig und hilflos sein? Wäre die Anwendung der Gluckstein-Strategie das Privileg von Leuten, die sie gar nicht brauchen? Weil man den, den man damit erobern könnte, ja nicht erobern will (man liebt ihn nicht) und dort, wo man sich verzehrt, jedes mathematische Kalkül unmöglich wird? Gut, vielleicht werden andere die Tauglichkeit der Gluckstein-Formel auf experimentellem Weg überprüfen können. Für mich ist es zu spät.

Das mit der Fortsetzung, an die ich jetzt zuweilen denke: Natürlich hat auch Santelmo ein wenig darauf spekuliert. Denn wie hätte gerade er sich damit abfinden sollen, von seiner Geliebten für immer getrennt zu werden? *Der Tod ist ein Argentinier, ein alter Bekannter vielleicht,* heißt es zum Beispiel in einem seiner Lieder. Nun, jetzt weiß er, ob er ein Argentinier ist.

Übrigens habe ich das fehlende Verbindungsstück inzwischen ersetzen lassen. Seit dem 24. Dezember – es wäre Nina Glucksteins 35. Geburtstag gewesen – halten er und seine Geliebte sich wenigstens auf dem Denkmal wieder an den Händen.

Diese Zeitungsnotiz, die ich heute früh auf meiner Parkbank las – ein herrlicher Morgen, die Plastik unversehrt! – brachte mich zum Lachen:

«Ein 44jähriger staatenloser Chinese sitzt gegenwärtig in einem Genfer Gefängnis, weil er unbeirrbar jede freie Minute in einer chinesischen Buchhandlung in Genf verbracht hat, um eine chinesische Verkäuferin anzustarren. Die Frau, bereits verlobt, hatte mehrmals die Polizei rufen müssen, um ihren Bewunderer zu vertreiben. Er kam aber immer wieder. Eine Anklage wegen Hausfriedensbruchs und zwei achttägige Haftstrafen vermochten ihn nicht umzustimmen. Am 18. Dezember wurde er zum dritten Mal verhaftet.
‹Nein, ich kann nicht zusichern, nicht mehr in die Buchhandlung zu gehen›, sagte er vor der Anklagekammer. ‹Sein einziges Vergehen ist es, verliebt zu sein›, verteidigte ihn sein Anwalt. Die gegenwärtige Haft sei unverhältnismäßig. Die Anklagekammer gab zwar zu, daß Gefängnis auf die Dauer keine Lösung sei, aber es sei vorderhand der einzige Ort, wo der einseitig Verliebte einsichtig werden könne.»

Auf dem Rückweg habe ich zu Ehren dieses Unbekannten ein paar Zeilen ersonnen. Ich füge sie hinzu:

Chinese, törichter Bruder.
Du bist nicht einsichtig geworden,
ich weiß.
Du hast sie nicht erobert.
So erobert man keinen.
Wer liebt,
ist auf der Verliererstraße.
Chinesisches Sprichwort.
Warum hast du nicht zugehört?

Tessa de Loo im dtv

Schönheit, komm, der Tag ist halb vergangen
Roman

Schönheit ist vergänglich. Für manche kann dieser Gedanke ein Trost sein, für andere wird er zur Obsession. Jeanne ist so häßlich wie Isabelle schön. Als Jeanne versucht, diese Schönheit in ihre Gewalt zu bringen, unterschätzt sie deren Macht. Aus einem Kriminalfall wird ein Psychodrama. Der Roman »steckt voller hintersinniger Einfälle, Beobachtungen und Reflexionen, die ihn weit über das Krimivergnügen hinaus lesenswert machen«. (Der Tagesspiegel)

dtv 11738

Die Mädchen von der Süßwarenfabrik
Erzählungen

Die Mädchen von der Süßwarenfabrik sind eine Clique. Jede hat ihre eigenen Sorgen, aber wenn es drauf ankommt, sind sie solidarisch. Das bekommt ein unvorsichtiger Schaffner, der eine von ihnen zur Rede stellt, hautnah zu spüren. Gegen die geballte Ladung Weiblichkeit, mit der er sich plötzlich konfrontiert sieht, hat er keine Chance …

dtv 11944